JN269095

バイオ機器分析入門

相澤益男・山田秀徳／編

講談社サイエンティフィク

編者・執筆者一覧 (五十音順．カッコ内は担当箇所)

相澤　益男	東京工業大学名誉教授	(編者，1章)
大倉　一郎	東京工業大学大学院生命理工学研究科	(8章・16.3節)
尾坂　明義	岡山大学工学部生物機能工学科	(10章)
小畠　英理	東京工業大学大学院生命理工学研究科	(3章)
斎藤　清機	岡山大学名誉教授	(9章)
﨑山　高明	東京海洋大学海洋科学部食品生産科学科	(15章)
宍戸　昌彦	岡山大学工学部生物機能工学科	(4・5章)
篠原　寛明	富山大学工学部生命工学科	(14章)
妹尾　昌治	岡山大学工学部生物機能工学科	(2.3〜2.7節)
高井　俊行	東北大学加齢医学研究所分化・発達医学研究部門	(16.4節)
中村　聡	東京工業大学大学院生命理工学研究科	(16.2節)
三原　久和	東京工業大学大学院生命理工学研究科	(6・7・11章)
山田　秀徳	岡山大学工学部生物機能工学科	(編者，2.1節・2.2節・16.1節)
湯浅　貴恵	元近畿大学医学部免疫学教室	(16.4節)
和地　正明	東京工業大学大学院生命理工学研究科	(12章・13章)

はじめに

　遺伝子組換えについてバーグ(P. Berg)の有名な論文が1972年に発表された．制限酵素を使って，遺伝子を特定部位で切ったり，継いだりして，設計どおりの遺伝子組換えが可能となったのだから，その後のバイオサイエンス，バイオテクノロジーへのインパクトはきわめて大きい．ところで，切断されたDNA断片をどのようにして確認したのだろうか．合成されたDNAの確認にはどんな方法が適用されたのだろうか．歴史的に重要な場面で活躍したのは，ごくポピュラーなゲル電気泳動であったことは驚きである．その後もゲル電気泳動は遺伝子工学で不動の位置を占め，ゲノム解析にも大活躍である．

　ワトソン(J. D. Watson)，クリック(F. H. C. Crick)によるDNAの二重らせん構造の発見が，X線結晶構造解析の成果であることはよく知られている．バーソン(S. A. Berson)とヤロー(R. S. Yalow)が開発したラジオイムノアッセイ(RIA)でホルモンの体内動態がはじめて明らかにされたことも，機器分析の貢献がいかに重要かを示す好例である．最近，ATPaseが回転する分子モーターであることが蛍光測定法で証明されたことは，記憶に新しい．以上のごくわずかな例をみただけでも，バイオサイエンスやバイオテクノロジーの重要なエポックとなった研究成果が，測定技術の支援を受けて誕生したことが一目瞭然であろう．

　これまで，機器分析についての解説書，教科書は数多く出版されているが，バイオ関連分野に焦点を絞った機器分析の入門書はほとんど見あたらない．バイオサイエンス，バイオテクノロジーにおける機器分析の果たす役割を考えれば，生体分子あるいは生体物質を測定対象とした機器分析についての理解を深めることがいかに大切であるかは明確である．

　本書は，バイオサイエンス，バイオテクノロジー，メディカルテクノロジーなど，広範囲にわたるバイオ関連分野に活用される機器分析を体系的にまとめ，それぞれの測定原理，機器システム，測定手順，測定結果の解析などを文章をできるかぎり少な

はじめに

くし，フローチャートを主体として，簡潔，明瞭にした入門書である．さらに詳しく知りたいときには，それぞれ個別の専門書，実験書などを参考にしていただきたい．

　本書の刊行は，講談社サイエンティフィクの太田一平氏のたゆまぬ助力に負うところが大きい．記して謝したい．

2000年4月

相澤　益男
山田　秀徳

目 次

はじめに ……………………………………………………………………… iii

1章　バイオ機器分析の基礎 …………………………………………… 1
　1.1　何を分析するのか ………………………………………………… 1
　1.2　どの分析機器を使うか …………………………………………… 2

2章　クロマトグラフィー ……………………………………………… 4
　2.1　薄層クロマトグラフィー ………………………………………… 6
　2.2　ガスクロマトグラフィー ………………………………………… 8
　2.3　液体カラムクロマトグラフィー ………………………………… 12
　2.4　イオン交換クロマトグラフィー ………………………………… 14
　2.5　逆相(疎水)クロマトグラフィー ………………………………… 16
　2.6　アフィニティークロマトグラフィー …………………………… 19
　2.7　ゲルろ過クロマトグラフィー …………………………………… 21

3章　電気泳動 …………………………………………………………… 23
　3.1　電気泳動の原理 …………………………………………………… 23
　3.2　チセリウスの電気泳動 …………………………………………… 25
　3.3　タンパク質のゲル電気泳動 ……………………………………… 26
　3.4　SDS-ポリアクリルアミドゲル電気泳動(SDS-PAGE) ………… 31
　3.5　等電点電気泳動 …………………………………………………… 32
　3.6　2次元電気泳動 …………………………………………………… 33
　3.7　免疫電気泳動 ……………………………………………………… 34

4章　可視・紫外スペクトロメトリー ………………………………… 36
　4.1　可視・紫外領域の光吸収の原理 ………………………………… 36
　4.2　遷移モーメント …………………………………………………… 37
　4.3　吸収スペクトル測定原理 ………………………………………… 37
　4.4　吸収スペクトル測定の実際 ……………………………………… 38
　4.5　可視・紫外吸収スペクトルの溶媒の選択 ……………………… 39
　4.6　ランベルト・ベールの法則 ……………………………………… 40
　4.7　分子吸光係数の決定 ……………………………………………… 40

目　　次

 4.8　吸収スペクトル温度可変測定(DNA融解曲線の測定) ……………41
 4.9　温度変化吸収スペクトル測定例(DNA融解曲線) ………………42
 4.10　分子会合体の吸収スペクトル(J会合体とH会合体) ……………43

5章　赤外スペクトロメトリー ………………………………………44
 5.1　分子振動と赤外吸収 ……………………………………………44
 5.2　分散型IRスペクトル測定原理 …………………………………45
 5.3　FT-IRスペクトル測定原理 ………………………………………46
 5.4　干渉器の原理 ……………………………………………………47
 5.5　赤外吸収スペクトル測定試料の作製 …………………………48
 5.6　赤外特性吸収帯 …………………………………………………49
 5.7　分散型とフーリエ変換型の長所と欠点 ………………………49
 5.8　FT-IRを用いた特殊測定 …………………………………………51
 5.9　赤外吸収スペクトル測定例：核酸塩基を側鎖にもつアミノ酸とそのペプチド
  …………………………………………………………………………51

6章　蛍光スペクトロメトリー ………………………………………53
 6.1　原　　理 …………………………………………………………53
 6.2　装　　置 …………………………………………………………54
 6.3　蛍光強度 …………………………………………………………54
 6.4　蛍光寿命 …………………………………………………………56
 6.5　蛍光異方性 ………………………………………………………56
 6.6　蛍光消光法 ………………………………………………………58
 6.7　蛍光トレーサー・プローブ法 …………………………………59

7章　円二色性スペクトロメトリー …………………………………62
 7.1　原　　理 …………………………………………………………62
 7.2　装　　置 …………………………………………………………63
 7.3　タンパク質の円二色性スペクトル ……………………………64
 7.4　核酸の円二色性スペクトル ……………………………………67
 7.5　小分子の立体配置の決定 ………………………………………67

8章　電子スピン共鳴吸収(ESR) ……………………………………69
 8.1　ESR測定の対象となる化学種 …………………………………69
 8.2　ESRの原理 ………………………………………………………69
 8.3　ESRの装置 ………………………………………………………71

8.4　ESRの測定例 ……………………………………………………………72

9章　核磁気共鳴 …………………………………………………………………74
　　　9.1　核磁気共鳴現象 …………………………………………………………74
　　　9.2　核磁気共鳴を観測する方法 ……………………………………………78
　　　9.3　NMR装置 ………………………………………………………………80
　　　9.4　NMRスペクトル ………………………………………………………82
　　　9.5　応用測定 …………………………………………………………………88

10章　X線回折 ……………………………………………………………………91
　　　10.1　X線とその発生 …………………………………………………………91
　　　10.2　格子面によるX線の回折 ………………………………………………92
　　　10.3　X線回折の応用 …………………………………………………………93
　　　10.4　粉末試料のX線回折と回折図形(パターン) …………………………94
　　　10.5　粉末X線回折による定性分析(検索手順) ……………………………95
　　　10.6　表面層からのX線回折(薄膜X線回折) ………………………………96
　　　10.7　単結晶によるX線回折と結晶構造解析の原理 ………………………96
　　　10.8　単結晶から回折X線の測定 ……………………………………………97
　　　10.9　結晶による構造解析の手順 ……………………………………………99
　　　10.10　放射光装置からのX線を用いる方法(ラウエ法，異常分散法) ……100
　　　10.11　タンパク質データバンク(PDB)について …………………………100

11章　マススペクトロメトリー …………………………………………………101
　　　11.1　マススペクトル ………………………………………………………101
　　　11.2　マススペクトロメーター(質量分析計) ……………………………103
　　　11.3　バイオ系への応用例 …………………………………………………106
　　　11.4　応用マススペクトロメトリー ………………………………………108

12章　酵素免疫測定法 ……………………………………………………………110
　　　12.1　標識酵素 ………………………………………………………………110
　　　12.2　サンドイッチ法による抗原の測定 …………………………………110
　　　12.3　TNFの測定例 …………………………………………………………111
　　　12.4　間接法による細胞表層抗原の測定 …………………………………112
　　　12.5　ICAM-1の測定例 ……………………………………………………112

目　次

13章　フローサイトメトリー …………………………………113
13.1　前方散乱光と側方散乱光 ……………………………113
13.2　FACSの光学系システム ……………………………114
13.3　光学フィルター ………………………………………115
13.4　FACSの流路系 ………………………………………115
13.5　ソーティングシステム ………………………………116
13.6　細胞表面抗原の検出 …………………………………117
13.7　薬剤処理による細胞表面抗原の発現量変化の測定例 …117
13.8　DNAヒストグラム ……………………………………118
13.9　細胞周期の解析例 ……………………………………118
13.10　細胞内酸化度の測定例 ………………………………119
13.11　コンジュゲート形成の測定例 ………………………119

14章　電子顕微鏡 ……………………………………………120
14.1　電子顕微鏡の仲間 ……………………………………120
14.2　電子顕微鏡のしくみと特徴 …………………………120
14.3　透過型電子顕微鏡の利用 ……………………………125
14.4　走査型電子顕微鏡の利用 ……………………………129
14.5　最近の電子顕微鏡 ……………………………………132

15章　熱　分　析 ……………………………………………134
15.1　示差熱分析 ……………………………………………134
15.2　示差走査熱量測定 ……………………………………136
15.3　熱重量測定 ……………………………………………137
15.4　バイオ系への応用 ……………………………………138

16章　バイオ機器分析の実際 ………………………………141
16.1　アミノ酸組成・アミノ酸配列 ………………………141
16.2　DNA塩基配列決定 ……………………………………147
16.3　酵素反応速度解析 ……………………………………155
16.4　細　胞　染　色 ………………………………………161

索　引 ……………………………………………………………169

1章　バイオ機器分析の基礎

「バイオ機器分析」の分析対象は，細胞，細胞内オルガネラ，遺伝子，タンパク質，糖，脂質など，あくまでも生物にかかわる物質が主である．しかも，分析するサンプルは，動物・植物の組織であったり，微生物，動物細胞，植物細胞などの培養液，血液などの体液，種々の細胞の破砕液，生物関連物質を含む溶液，あるいは結晶状のものに至るまで非常に多様性に富んでいる．バイオ機器分析の特殊性は，ひとえに分析対象がこのような生物にかかわる物質であるためである．使用される分析機器は基本的には汎用のものであるが，バイオ機器分析専用に開発されたものも少なくない．

バイオ機器分析を進めるにあたってもっとも重要なことは，分析対象とする試料についての情報をあらかじめ十分に収得しておくことである．その他については，一般の機器分析と同様に，

①分析目的は何か
②使用する分析機器を何にするか

などを明確にして，測定プランを進め，測定結果を解析することになる．

1.1　何を分析するのか

バイオ機器分析では，細胞，遺伝子，タンパク質などの生物関連物質について，次のような項目を分析することが必要とされる．

・細胞の同定
・細胞の生死の判定
・細胞の形態
・細胞の表面状態
・細胞の増殖速度
・細胞内微細構造
・細胞の運動状態

1章　バイオ機器分析の基礎

- 細胞密度
- 遺伝子の塩基配列
- タンパク質のアミノ酸配列
- 各種生体分子の分子量
- 各種生体分子の形状
- 各種生体分子の荷電
- 各種生体分子の電子状態

1.2　どの分析機器を使うか

バイオ機器分析に使用されているおもな分析機器は，次のように分類される．最近の分析機器はますますブラックボックス的様相が強くなり，測定原理，システムの構造，作動ステップなどを十分に理解することもなく，データを手中にすることが可能となってきた．しかし，バイオ機器分析においては，とくに試料の性状を理解し，分析目的を達成するのにもっとも適した機器を選定する必要がある．そのためには，それぞれの測定原理を十分に理解しておかなければならない．

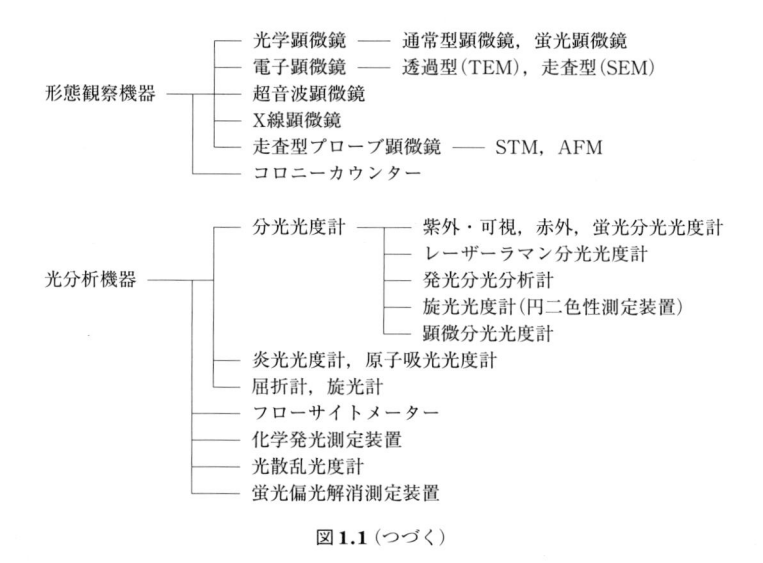

```
形態観察機器 ┬ 光学顕微鏡 ── 通常型顕微鏡，蛍光顕微鏡
             ├ 電子顕微鏡 ── 透過型(TEM)，走査型(SEM)
             ├ 超音波顕微鏡
             ├ X線顕微鏡
             ├ 走査型プローブ顕微鏡 ── STM, AFM
             └ コロニーカウンター

光分析機器 ┬ 分光光度計 ┬ 紫外・可視，赤外，蛍光分光光度計
            │              ├ レーザーラマン分光光度計
            │              ├ 発光分光分析計
            │              ├ 旋光光度計(円二色性測定装置)
            │              └ 顕微分光光度計
            ├ 炎光光度計，原子吸光光度計
            ├ 屈折計，旋光計
            ├ フローサイトメーター
            ├ 化学発光測定装置
            ├ 光散乱光度計
            └ 蛍光偏光解消測定装置
```

図 1.1（つづく）

1.2 どの分析機器を使うか

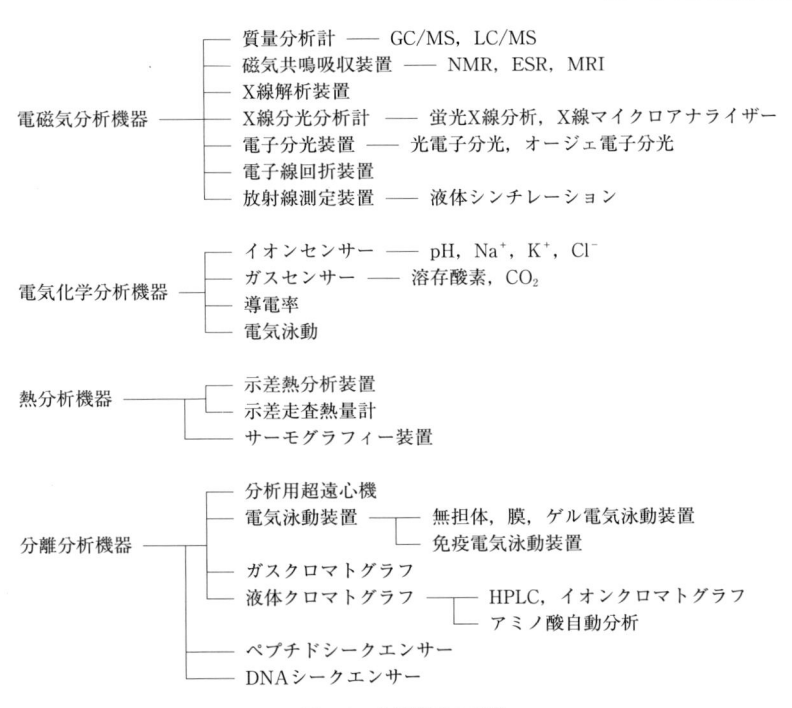

電磁気分析機器
- 質量分析計 —— GC/MS, LC/MS
- 磁気共鳴吸収装置 —— NMR, ESR, MRI
- X線解析装置
- X線分光分析計 —— 蛍光X線分析, X線マイクロアナライザー
- 電子分光装置 —— 光電子分光, オージェ電子分光
- 電子線回折装置
- 放射線測定装置 —— 液体シンチレーション

電気化学分析機器
- イオンセンサー —— pH, Na^+, K^+, Cl^-
- ガスセンサー —— 溶存酸素, CO_2
- 導電率
- 電気泳動

熱分析機器
- 示差熱分析装置
- 示差走査熱量計
- サーモグラフィー装置

分離分析機器
- 分析用超遠心機
- 電気泳動装置 —— 無担体, 膜, ゲル電気泳動装置
  免疫電気泳動装置
- ガスクロマトグラフ
- 液体クロマトグラフ —— HPLC, イオンクロマトグラフ
  アミノ酸自動分析
- ペプチドシークエンサー
- DNAシークエンサー

図 1.1　分析機器の分類

2章 クロマトグラフィー

　移動相と固定相という2つの相を使って物質を分離する方法を，クロマトグラフィーという．移動相と固定相の間には試料の分配平衡(平衡定数K)が成立しているとすると，固定相への分配が大きい(Kが大きい)成分ほど移動速度が小さいので，Kが異なる成分の分離ができる．カラムの性能は理論段数で評価され，理論段数が大きいカラムほどピーク幅はせまく，分離能がよい．
　移動相が気体の場合をガスクロマトグラフィー(GC)，液体の場合を液体クロマトグラフィー(LC)とよぶ．液体クロマトグラフィーは普通，カラムクロマトグラフィーを指すが，薄層クロマトグラフィー(TLC)も液体クロマトグラフィーの1つである．一方，固定相が液体の場合は分配クロマトグラフィー，固体の場合は吸着クロマトグラフィーという．

1) クロマトグラフィーの原理

i) ピークの移動率・溶出位置

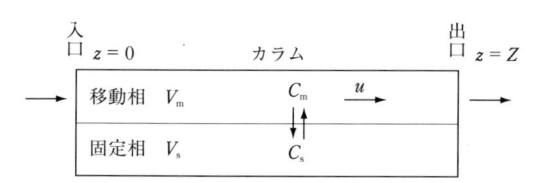

```
入口 z=0        カラム              出口 z=Z
  →  ┌─────────────────────┐
      │ 移動相 V_m    C_m    u →  │  →
      ├─────────────────────┤
      │ 固定相 V_s    C_s          │
      └─────────────────────┘
```

V_m：移動相体積

V_s：固定相体積

V_t：カラムの全体積　　$V_t = V_m + V_s$

H：移動相に対する固定相の体積比　　$H = V_s/V_m = (V_t - V_m)/V_m$

C_m：試料の移動相濃度

C_s：試料の固定相濃度

K ：試料の分配係数　$K = C_s/C_m$

u ：移動相の速度（線速度）

Z ：カラムの長さ

t_0 ：素通り成分（$K = 0$）のカラム内滞留時間　$t_0 = Z/u$

ピークの移動率：$R_f = 1/(1 + KH)$

保持時間：$t_R = t_0/R_f = t_0(1 + KH)$

保持容量：$V_R = V_m/R_f = V_m(1 + KH) = V_m + KV_s = V_m + K(V_t - V_m)$

保持率：$\theta_R = t_R/t_0 = V_R/V_m = 1/R_f = 1 + KH$

　固定相への分配が大きい（K が大きい）成分ほどピークの移動速度は小さく，カラムから遅れて溶出される．

ii) ピークの広がり

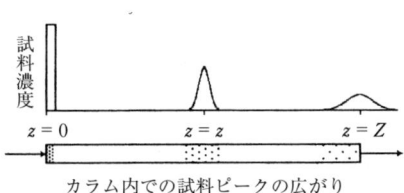

カラム内での試料ピークの広がり

パルス状で供給された試料がカラム内を移動するにつれてピーク幅がしだいに広がり，$z = Z$ でカラムから溶出する．

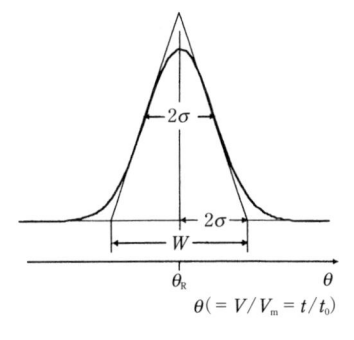

カラムの理論段数 N が十分大きいと溶出曲線は正規分布に従う

N：カラムの理論段数　　V：溶出液量　　t：溶出時間　　σ^2：分散

W：ピーク幅（溶出曲線の変曲点を通る2本の接線とベースラインとの間にできる2つの交点間の幅）

$\sigma^2 = \theta_R^2/N = (1 + KH)^2/N$

$W = 4\sigma = 4\theta_R/\sqrt{N} = 4(1 + KH)/\sqrt{N}$

$N = 16\left(\dfrac{\theta_R}{W}\right)^2$

　理論段数 N が大きいほどピーク幅はせまく（すなわち分離能がよく），したがってこの N の値によってカラムの性能が評価される．

2) クロマトグラフィーの種類

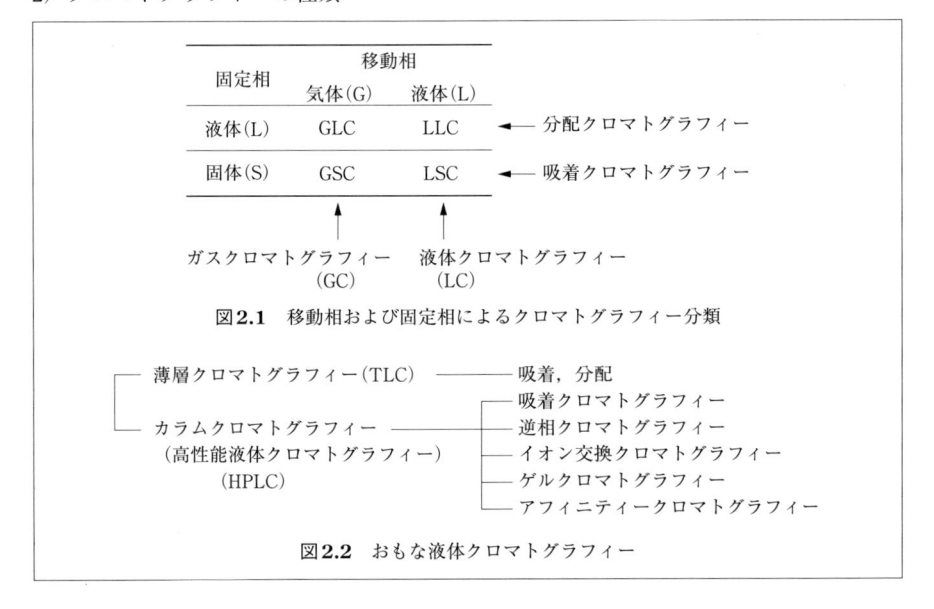

| | 移動相 | |
固定相	気体(G)	液体(L)
液体(L)	GLC	LLC	← 分配クロマトグラフィー
固体(S)	GSC	LSC	← 吸着クロマトグラフィー

　　　　　　　↑　　　　↑
　ガスクロマトグラフィー　液体クロマトグラフィー
　　　　　(GC)　　　　　　(LC)

図2.1　移動相および固定相によるクロマトグラフィー分類

```
┌─ 薄層クロマトグラフィー(TLC) ──── 吸着, 分配
│                                 ┌─ 吸着クロマトグラフィー
└─ カラムクロマトグラフィー ──────┤─ 逆相クロマトグラフィー
   (高性能液体クロマトグラフィー)   │─ イオン交換クロマトグラフィー
          (HPLC)                  │─ ゲルクロマトグラフィー
                                  └─ アフィニティークロマトグラフィー
```

図2.2　おもな液体クロマトグラフィー

2.1　薄層クロマトグラフィー

　薄層クロマトグラフィー(TLC)は，操作が簡便で，微量の試料で短時間に比較的高い分離能が得られることから，手軽な分離・分析手段として利用されている．薄層プレートは自分で調製してもよいが，市販の既成プレートを適当な大きさに切って用いると便利である．ほかにふたのできる展開槽(コップとガラス板で十分である)を用意するだけでよい．薄層プレートに試料をキャピラリーでスポットし，展開溶媒を入れた展開槽に入れて展開する．

　薄層クロマトグラフィーは，溶媒に溶けるものであれば，ほぼすべての化合物の分離分析手段として利用できる．エドマン分解を利用したタンパク質(あるいはペプチド)のN末端アミノ酸配列の逐次決定法では，N末端から順次切り出されるフェニルチオヒダントイン(PTH)-アミノ酸をなんらかの方法で同定する(16.1節参照)が，薄層クロマトグラフィーもその同定法の1つである．3)に標準PTH-アミノ酸の薄層クロマトグラムの例を示す．

2.1 薄層クロマトグラフィー

1) 薄層プレートの種類

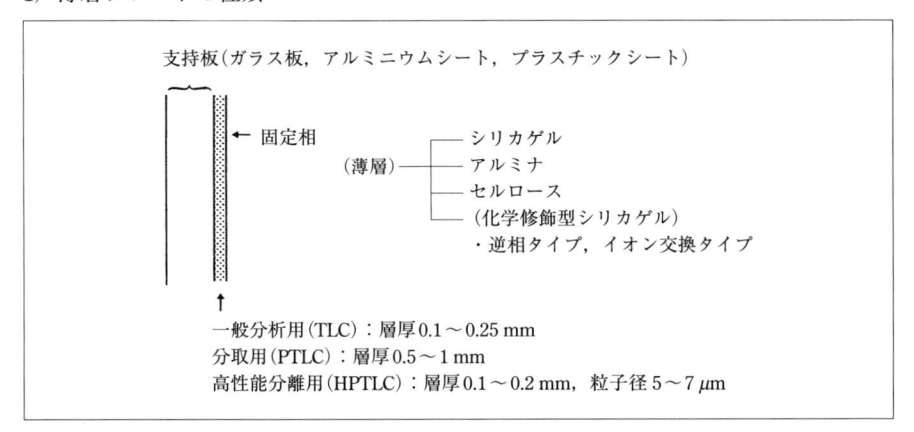

支持板(ガラス板，アルミニウムシート，プラスチックシート)

← 固定相

(薄層)
- シリカゲル
- アルミナ
- セルロース
- (化学修飾型シリカゲル)
  ・逆相タイプ，イオン交換タイプ

一般分析用(TLC)：層厚 0.1～0.25 mm
分取用(PTLC)：層厚 0.5～1 mm
高性能分離用(HPTLC)：層厚 0.1～0.2 mm，粒子径 5～7 μm

2) 展開槽とクロマトグラムの見方

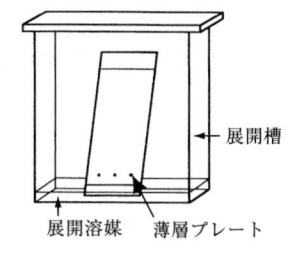

i) 展開装置

展開槽
展開溶媒
薄層プレート

ii) 薄層クロマトグラム

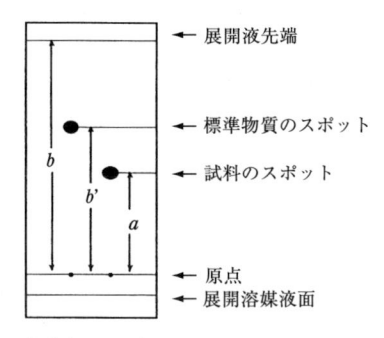

← 展開液先端
← 標準物質のスポット
← 試料のスポット
← 原点
← 展開溶媒液面

移動率 $R_f = a/b$
(標準物質に対する移動率 $R_S = a/b'$)

iii) 無色試料のおもな検出法

・発色剤を噴霧して検出
　発色剤：ヨウ素，ニンヒドリン，硫酸，2,4-ジニトロフェニルヒドラジンなど
・蛍光剤入りの薄層プレートを使用し，紫外線を照射して検出

3) 標準PTH-アミノ酸の薄層クロマトグラフィー

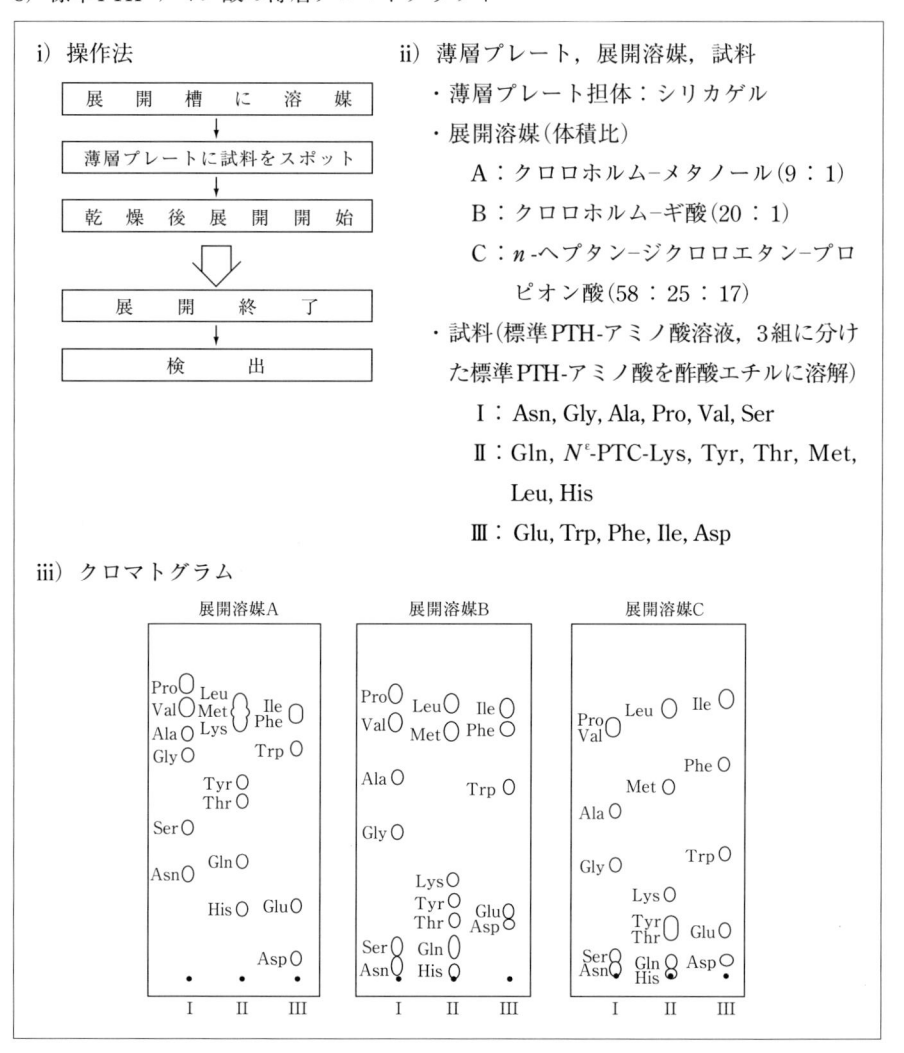

i) 操作法

```
展開槽に溶媒
    ↓
薄層プレートに試料をスポット
    ↓
乾燥後展開開始
    ↓
展開終了
    ↓
検出
```

ii) 薄層プレート，展開溶媒，試料
- 薄層プレート担体：シリカゲル
- 展開溶媒（体積比）
    A：クロロホルム-メタノール（9：1）
    B：クロロホルム-ギ酸（20：1）
    C：n-ヘプタン-ジクロロエタン-プロピオン酸（58：25：17）
- 試料（標準PTH-アミノ酸溶液，3組に分けた標準PTH-アミノ酸を酢酸エチルに溶解）
    I：Asn, Gly, Ala, Pro, Val, Ser
    II：Gln, N^{ε}-PTC-Lys, Tyr, Thr, Met, Leu, His
    III：Glu, Trp, Phe, Ile, Asp

iii) クロマトグラム

展開溶媒A　　展開溶媒B　　展開溶媒C

2.2　ガスクロマトグラフィー

ガスクロマトグラフィーとは，ヘリウムや窒素などの不活性気体を移動相（キャリヤーガス）として用いるクロマトグラフィーである．固定相が液体（液相）のものを気液クロマトグラフィーといい，多成分混合物の分析や微量成分の定量分析に威力を発

揮する．

　注入試料は加熱により気化し，カラムに入る．カラムを通過する間に，固定相と移動相との間の分配の差によって各成分が分離溶出される．このため，試料は400℃ぐらいまでの温度で10 mmHg以上の蒸気圧を示し，設定温度で分解しないものでなければならない．カラムは，パックドカラム（充てんカラム）とキャピラリーカラムの2種類に分けられる．パックドカラムは比較的大量の試料を注入できるので，分取目的にも利用される．キャピラリーカラムの理論段数はパックドカラムの10～20倍に達し，分離能はきわめて高い．しかし，液相の量が非常に少ないため，たくさんの試料を注入することができないので，分析目的にのみ利用される．

1) ガスクロマトグラフィーの概念図

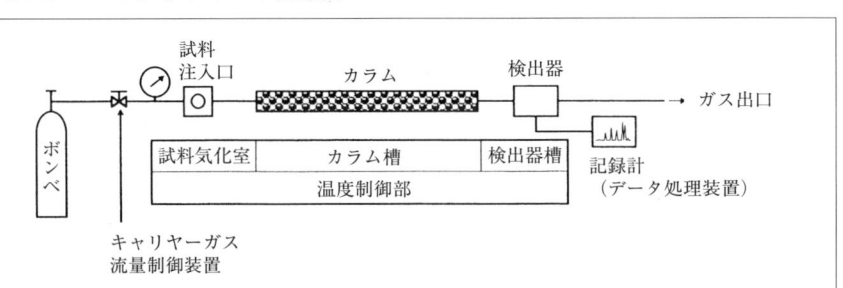

- キャリヤーガス流量制御装置：キャリヤーガス（ガスクロマトグラフィーにおける移動相，ヘリウムや窒素がよく用いられる）の流量を一定に保つ．
- 試料気化室：注入試料を気化させるために，室温から450℃程度までの任意の温度に設定できる．
- カラム槽：カラムの温度を一定に保ったり（恒温分析），一定速度で温度を上げたり（昇温分析）できる．操作条件で10 mmHg以上の蒸気圧をもつ試料の分析が可能．
- 検出器槽：検出器の温度を室温から450℃程度まで任意に設定できる．

2) カラムの種類

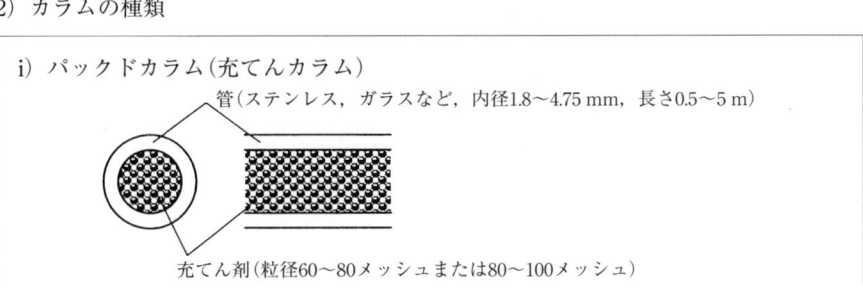

i) パックドカラム（充てんカラム）

管（ステンレス，ガラスなど，内径1.8～4.75 mm，長さ0.5～5 m）

充てん剤（粒径60～80メッシュまたは80～100メッシュ）

ii) 充てん剤の種類
- 固体の固定相（固相，GSC）：モレキュラーシーブ，活性炭，シリカゲル，活性アルミナ，多孔性ポリマーなどがある．
- 液体の固定相（液相，GLC）：ケイソウ土などの担体に液体をコーティングしたもの．

担体の種類と粒径，液相の種類（極性や使用上限温度）と担持率のさまざまな組み合わせの充てん剤が市販されている．

iii) キャピラリーカラム

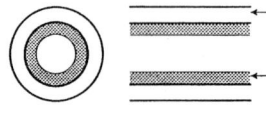

細管（溶融石英でできた中空のチューブ
　　内径0.2～0.5 mm，長さ10～90 m）

固定相液体薄膜（液相，膜厚 0.1～5 μm）
カラム内壁面に液相をコーティングしたもので，物理的にコーティングした非化学結合型と化学的にコーティングした化学結合型がある．

3) 検出器の種類

検 出 器	検出できる化合物	最小検出量
熱伝導検出器 (TCD)	キャリヤーガス以外のすべての化合物	1～10 ng
水素炎イオン化検出器 (FID)	有機化合物	50～100 pg
電子捕捉検出器 (ECD)	有機ハロゲン化合物 有機金属化合物	0.1 pg
熱イオン化検出器 (FTD)	有機窒素化合物 有機リン化合物	0.1 pg
炎光光度検出器 (FPD)	無機・有機硫黄化合物 無機・有機リン化合物	10 pg

TCD：thermal conductivity detector　FID：flame ionization detector
ECD：electron capture detector　FTD：flame thermoionic detector
FPD：flame photometric detector

ほかに質量分析計をガスクロマトグラフィーの検出器に用いるものもある（ガスクロマトグラフィー質量分析法，GC/MS）．

4) 操作法

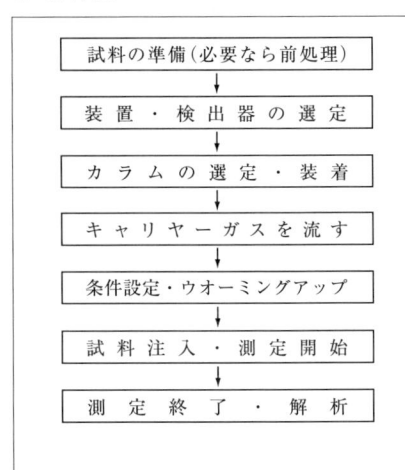

```
試料の準備（必要なら前処理）
        ↓
装置・検出器の選定
        ↓
カラムの選定・装着
        ↓
キャリヤーガスを流す
        ↓
条件設定・ウオーミングアップ
        ↓
試料注入・測定開始
        ↓
測定終了・解析
```

i) 前処理
- 酸，アルカリの中和
- 不揮発成分の除去
- 誘導体化（揮発性の低い物質は適当な揮発性物質に誘導して試料とする）

ii) 条件設定項目
キャリヤーガスの流速・各部の温度（昇温分析の場合は昇温プログラム）・検出器の条件設定（TCDの場合はセル電流，FIDの場合は水素ガスと空気の流量および印加電圧），データ処理装置（記録計）の条件設定

5) 脂肪酸混合物（$C_6 \sim C_{18}$）のガスクロマトグラフィー

i) 試料および測定条件
- 試料：飽和脂肪酸混合物（$C_6 \sim C_{18}$），各0.1% 二硫化炭素溶液
- 注入量，スプリット比：$1\,\mu l$, 1/5
- キャピラリーカラム：TC-FFAP（polyethyleneglycol terephthalic acid modified），内径 0.53 mm，長さ 30 m，液相膜厚 1.0 μm
- カラム温度：150℃→230℃（10℃/min）（昇温分析）
- キャリヤーガス，カラム流量：ヘリウム，5 ml/min
- 検出器：FID（sens.＝10×128）

ii) クロマトグラム

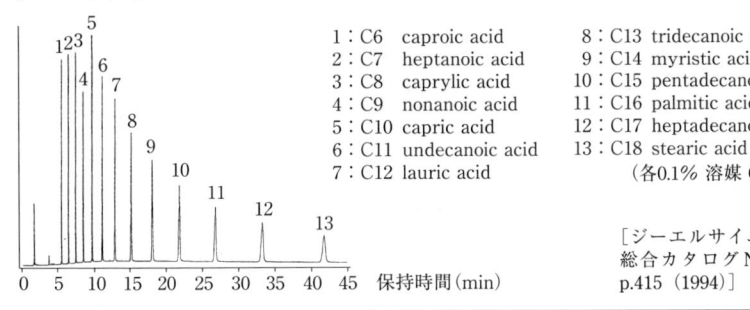

1 : C6   caproic acid
2 : C7   heptanoic acid
3 : C8   caprylic acid
4 : C9   nonanoic acid
5 : C10 capric acid
6 : C11 undecanoic acid
7 : C12 lauric acid
8 : C13 tridecanoic acid
9 : C14 myristic acid
10 : C15 pentadecanoic acid
11 : C16 palmitic acid
12 : C17 heptadecanoic acid
13 : C18 stearic acid
　　　　（各0.1% 溶媒 CS2）

［ジーエルサイエンス総合カタログ No.25, p.415（1994）］

2.3 液体カラムクロマトグラフィー

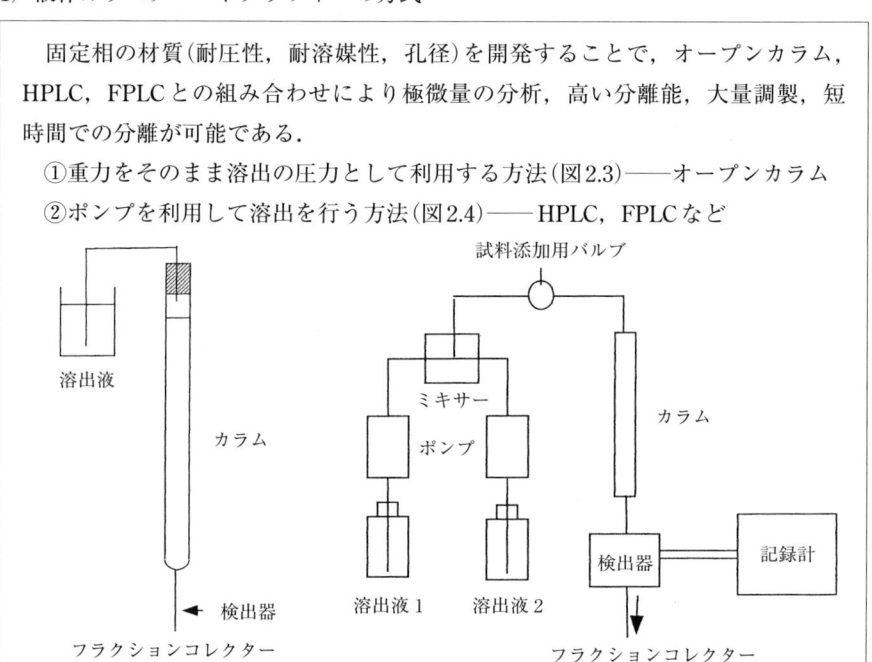

クロマトグラフィーのなかで，とくに移動相が液体でカラムを用いる場合を総称して，液体カラムクロマトグラフィーとよぶ．

1) 液体カラムクロマトグラフィーの方式

> 固定相の材質(耐圧性，耐溶媒性，孔径)を開発することで，オープンカラム，HPLC，FPLCとの組み合わせにより極微量の分析，高い分離能，大量調製，短時間での分離が可能である．
> ①重力をそのまま溶出の圧力として利用する方法(図2.3)——オープンカラム
> ②ポンプを利用して溶出を行う方法(図2.4)——HPLC，FPLCなど
>
> 図2.3　　　　　　　　　　　図2.4

2) 溶出方法

①緩衝液の組成 ⎰ 終始一定にして溶出 (isocratic elution)
　　　　　　　 ⎨ 段階的に変化させて溶出 (stepwise elution)
　　　　　　　 ⎩ 濃度勾配をつけて溶出 (gradient elution)

②変化させる組成 ⎰ イオン強度
　　　　　　　　⎨ pH
　　　　　　　　⎩ 結合阻害物質の濃度

③流速は一定

2.3 液体カラムクロマトグラフィー

3) 濃度勾配の作成方法

①2つのビーカーを利用した簡易的方法

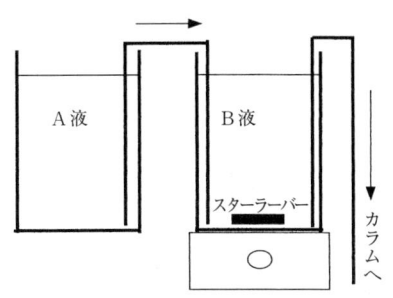

```
         A液        B液

                  スターラーバー
                                カラムへ
             マグネチックスターラー
```

②システムを使用する場合は，ポンプがコンピューターによって制御されている．これによって目的の濃度勾配を作成することができる．

4) 溶出液中の物質の検出

専用の検出器と記録計が必要だが，次の①と②については市販されている．③と④については，一般的にフラクションコレクターで回収した各分画について独立に行う．
　①紫外吸収による検出
　②同位体標識の検出
　③活性の測定
　④抗体による検出

5) 溶出液中の物質の回収

フラクションコレクターを用いて回収する．種々の製品が販売されているが，コレクターの機能としては以下のものが一般的であり，回収が必要なときには適宜設定を行ってクロマトグラフィーを開始する．
　①1本あたりのドロップ数を一定にする
　②1本あたりの時間を一定にする
　③検出器と連動させて検出されたピークを回収する

2.4 イオン交換クロマトグラフィー

1) イオン交換クロマトグラフィーの原理

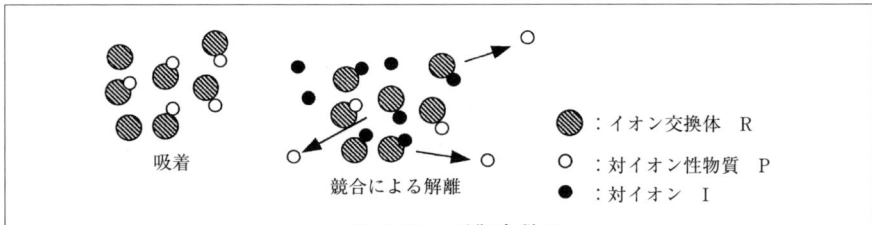

```
吸着          競合による解離        ▨ : イオン交換体  R
                                  ○ : 対イオン性物質 P
                                  ● : 対イオン    I
```

$$P + R \rightleftarrows PR \quad 平衡定数 K_1$$
$$zI + R \rightleftarrows IzR \quad 平衡定数 K_2$$

PRの濃度をC_s, Pの濃度をC_mとすると, $C_s = [PR]$, $C_m = [P]$
分配係数Kは$K = C_s/C_m$となる.

$$K_1 = C_s/C_m [R]$$
$$K_2 = [IzR]/[I]^z [R]$$

この2つの平衡状態が, ある[I]で競合して, $K_1 = K_2$となれば, $K = [IzR]/[I]^z$
ΔKは[I]のわずかな変化で大きな値をとることが可能.

・ [I]が小さいとKは大きな値をとる(吸着)
・ [I]が大きいとKは小さな値をとる(解離)

2) イオン交換体の種類

①陽イオン交換体

　　SE(sulfoethyl), SP(sulfopropyl)──"S"と表示されることもある.
　　P(phospho), CM(carboxymethyl)

②陰イオン交換体

　　QAE(quarternized aminoethyl)──"Q"と表示されることもある.
　　DEAE(diethylaminoethyl)

3) 溶出条件

溶出には次の2とおりのいずれかを選択する.

①塩濃度を変化させる. 用いる塩はNaCl, KCl, Na_2SO_4などで, 0から2Mの間で溶出する.

②pHを変化させる. pHの異なる2つの両性電解質の溶液を混合して溶出する. この場合をとくにクロマトフォーカシングとよぶことがある.

4) イオン交換クロマトグラフィーの方法

①イオン交換体の選択*
②カラムの組み立て
③カラムの緩衝液による平衡化 ⟵⟶ 溶出液によるカラムの洗浄
④試料の添加
⑤試料の吸着
⑥試料の溶出 ⟶ クロマトグラム
　　　　　　 ⟶ 分画の回収

*タンパク質を分離する場合，等電点と緩衝液のpHによって荷電が変化するので，陽イオン，陰イオン交換体の両方を試してみるのが一般的

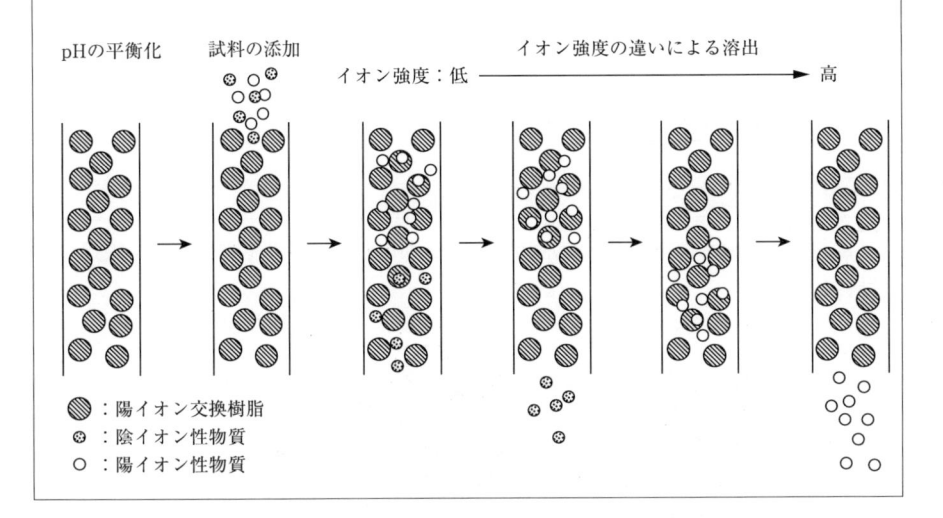

pHの平衡化　　試料の添加　　　　　イオン強度の違いによる溶出
　　　　　　　　　　　　イオン強度：低 ⟶ 高

◍：陽イオン交換樹脂
✸：陰イオン性物質
○：陽イオン性物質

5) 組換えヒトベータセルリンの精製における陽イオン交換クロマトグラフィー

①カラム：陽イオン交換HPLCカラム（Synchrom CM300, Synchropak社製 4.1 mm内径×250 mm），緩衝液：50 mM 酢酸ナトリウム（pH 5.5），濃度勾配：塩化ナトリウム（0〜1 M／60 min），流速：0.6 ml/min，検出：紫外吸収（275 nm），EIA（415 nm）

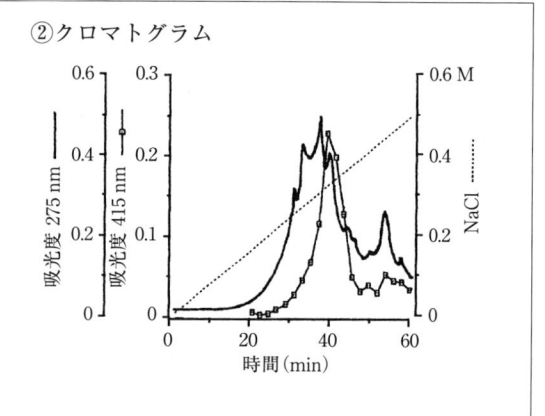

②クロマトグラム

2.5 逆相（疎水）クロマトグラフィー

1) 逆相（疎水）クロマトグラフィーの原理

目的物質と疎水性担体との疎水相互作用を利用している．原理はイオン交換の場合と同様．

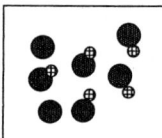

親水性溶媒中 — 疎水結合による吸着
脂溶性溶媒中 — 疎水結合が弱まり解離

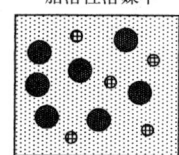

● : 疎水性樹脂
⊕ : 疎水性物質

2) 疎水性担体の種類

・アルキル基　C_n : -$(CH_2)_{n-1}$-CH_3 　$\begin{cases} C_4 \\ C_8 \\ C_{18} \end{cases}$
・フェニル基

3) 溶出条件

i) 逆相クロマトグラフィー：溶媒から水を排除する方法

溶媒中の水の割合を低下させて，疎水相互作用を減少させて溶出する．溶媒としては，粘性度の低い親水性の有機溶媒を用いる．タンパク質では0.1％の塩酸やトリフルオロ酢酸を加えた酸性条件，核酸ではエタノールアミンを加えたアルカリ性条件で行うことが多い．

有機溶媒として用いられるもの： 1-プロパノール　強
　　　　　　　　　　　　　　　　2-プロパノール　↑
　　　　　　　　　　　　　　　　アセトニトリル　溶出力
　　　　　　　　　　　　　　　　エタノール　　　↓
　　　　　　　　　　　　　　　　メタノール　　　弱

ii) 疎水クロマトグラフィー：塩析を利用する方法

高イオン強度(塩析する近辺)で吸着させ，イオン強度を低下させて溶出する．塩としては硫酸アンモニウムを用いるのが一般的．

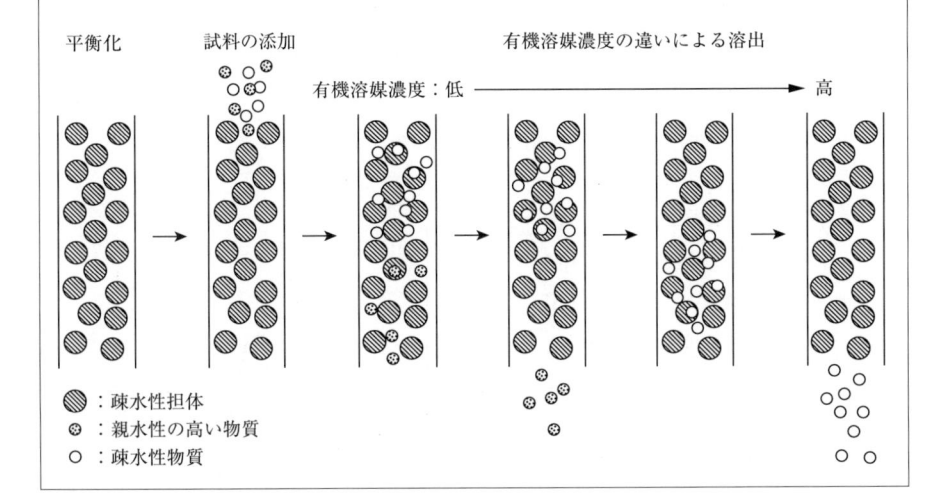

平衡化　　試料の添加　　　　　　　有機溶媒濃度の違いによる溶出
　　　　　　　　　　有機溶媒濃度：低 ──────────────→ 高

◎：疎水性担体
⊛：親水性の高い物質
○：疎水性物質

4) 操作方法

①樹脂の選択
②カラムの組み立て
③カラムの平衡化 ←――― 溶出液によるカラムの洗浄
④試料の添加
⑤試料の吸着
⑥試料の溶出 ――→ クロマトグラム
　　　　　　　└→ 分画の回収

i) 組換えヒト酸性線維芽細胞増殖因子の逆相C_4クロマトグラフィー

①カラム：逆相C_4HPLCカラム（Vydac C4, 5 mm 内径×200 mm），溶出液：0.1％トリフルオロ酢酸，濃度勾配：アセトニトリル(0～90％/60 min)，流速：1 ml/min，検出：紫外吸収(280 nm)

②クロマトグラム

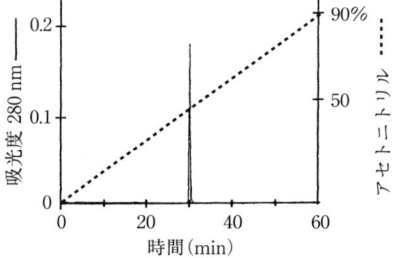

ii) 組換えヒト酸性線維芽細胞増殖因子の疎水クロマトグラフィー

①カラム：フェニルセファロース(ファルマシア，2.5 cm 内径×8 cm)，緩衝液：20 mMトリス塩酸(pH 7.4)，1 mM EDTA，濃度勾配：硫酸アンモニウム(1～0 M/200 min)，流速：0.5 ml/min，温度：4℃，検出：紫外吸収(280 nm)

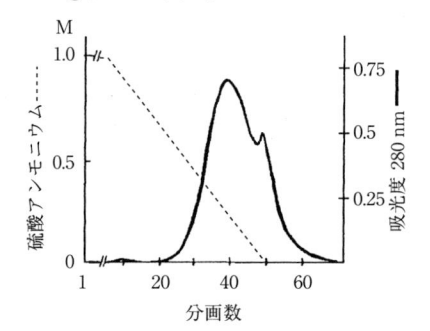

②クロマトグラム

2.6 アフィニティークロマトグラフィー

1) アフィニティークロマトグラフィーの原理

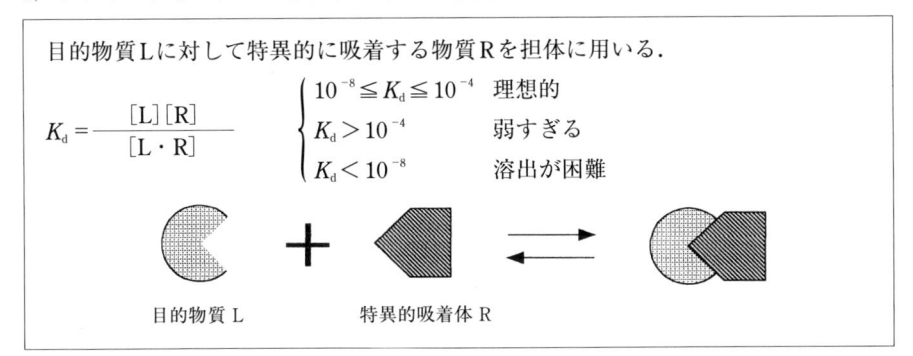

目的物質Lに対して特異的に吸着する物質Rを担体に用いる．

$$K_d = \frac{[L][R]}{[L \cdot R]}$$

$$\begin{cases} 10^{-8} \leq K_d \leq 10^{-4} & \text{理想的} \\ K_d > 10^{-4} & \text{弱すぎる} \\ K_d < 10^{-8} & \text{溶出が困難} \end{cases}$$

目的物質 L ＋ 特異的吸着体 R ⇌

2) アフィニティークロマトグラフィーに用いられる吸着体の種類と目的となる物質

吸着体	目的物質の例
ヘパリン	血液凝固系タンパク質，増殖因子など
色素	プリンヌクレオチドに結合するタンパク質
プロテインA，プロテインG	各種抗体
麦芽レクチン，コンカナバリンA	糖タンパク質，糖質
抗体	抗原
抗原	抗体
金属イオン(Zn, Ni, Cuなど)	金属イオンに結合能をもつタンパク質 ヒスチジンタグをもつ組換えタンパク質
グルタチオン	グルタチオンS転移酵素との融合タンパク質

3) 溶出条件

担体の性質により条件は大きく異なる．

ヘパリン——塩の濃度差

色素——塩濃度，ATPの濃度差

プロテインA，プロテインG，抗体——酸性pH

麦芽レクチン，コンカナバリンA——グルコサミンの濃度差

金属イオン(Zn, Ni, Cuなど)——イミダゾールの濃度差

グルタチオン——還元型グルタチオン，システインの濃度差

4) 吸着体の固定法

特異的な結合をもつ物質の片方を樹脂に固定化することによって，種々のカラムを

作ることができる．固定化の反応には次のようなものが利用されている．

方　　法	修飾の対象となる基
CNBr活性化法	アミノ基
エポキシ活性化法	水酸基，アミノ基，チオール基
ホルミル法	アミノ基
カルボジイミド法	アミノ基，カルボキシル基

5) アフィニティークロマトグラフィーの操作方法

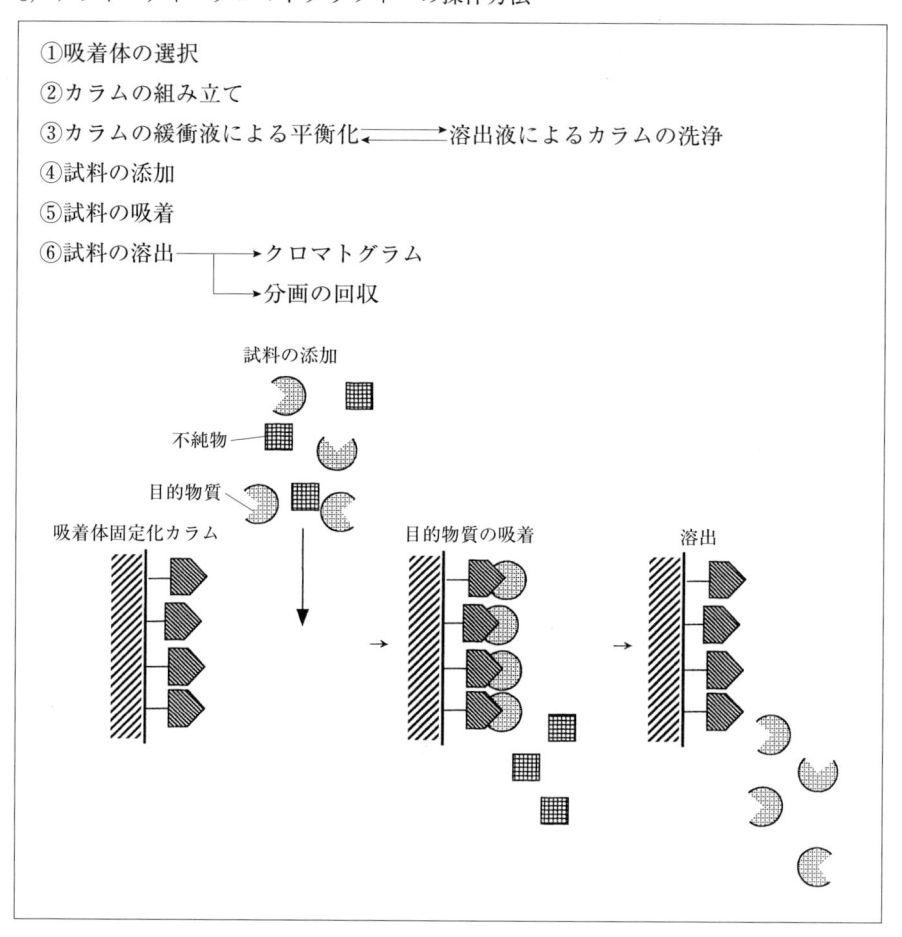

①吸着体の選択
②カラムの組み立て
③カラムの緩衝液による平衡化 ←——→ 溶出液によるカラムの洗浄
④試料の添加
⑤試料の吸着
⑥試料の溶出 ——→ クロマトグラム
　　　　　　 └—→ 分画の回収

i) 組換えヒト塩基性線維芽細胞増殖因子のヘパリンアフィニティークロマトグラフィー

①カラム：ヘパリンHPLCカラム（Shodex AF pak HR-894，昭和電工，8 mm内径×50 mm），緩衝液：20 mM トリス塩酸，濃度勾配：塩化ナトリウム（0〜2 M/60 min），流速：1 ml/min，検出：紫外吸収（280 nm）

②クロマトグラム

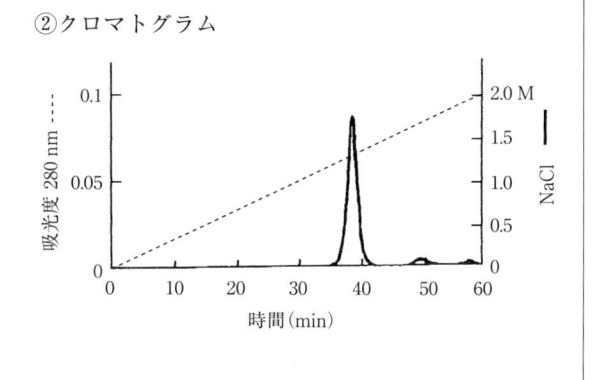

2.7 ゲルろ過クロマトグラフィー

1) ゲルろ過クロマトグラフィーの原理

多孔性ビーズを用いて，分子量の異なる物質を分離する方法である．見かけ上の分子の大きさがビーズ孔径より小さなものはビーズの中を満たすように進み，孔径より大きなものはビーズの外側をたどるように進む．ビーズの孔径は一定ではなくある程度の分布を示すので，カラムの中を進む経路が分子の大きさによって差を生じる．これが溶出液量の差となって表れる．

巨大分子：カラム空隙体積（排除体積）V_oで溶出

非常に小さな分子：カラム体積V_tで溶出

中程度の分子：ある分子量に対して特定の体積V_eで溶出

$$K = \frac{V_e - V_o}{V_t - V_o}$$

（Kは物質の分子量に依存する定数）

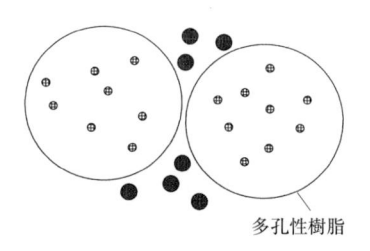

● ：高分子量物質
⊕ ：低分子量物質

多孔性樹脂

2) ゲルろ過溶出の条件

試料添加時を含め，終始一定の条件で溶出を行う．この条件に含まれる因子は次のとおり．①塩濃度，②塩の種類，③緩衝液のpH，④緩衝液の種類，⑤液流速．

3) 操作方法

①ゲルろ過担体の選択　　②カラムの組み立て
③カラムの緩衝液による平衡化 ⟵⟶ 分子量既知のマーカー物質を用いて
④試料の添加　　　　　　　　　キャリブレーションを行う
⑤試料の溶出 ⟶ クロマトグラム
　　　　　　　⟶ 分画の回収

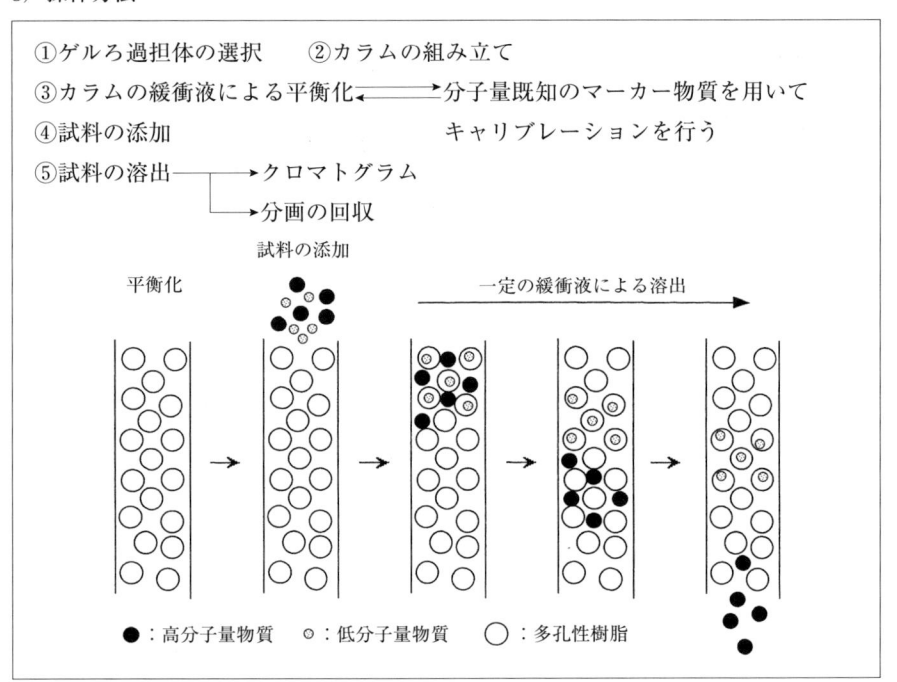

平衡化　　試料の添加　　　　一定の緩衝液による溶出 ⟶

● : 高分子量物質　　○ : 低分子量物質　　○ : 多孔性樹脂

i) 分子量の異なるタンパク質のゲルろ過クロマトグラフィー

①カラム：Superose12 HR FPLCカラム（ファルマシア，10 mm内径×300 mm），緩衝液：ダルベッコリン酸緩衝液，流速：0.5 ml/min，検出：紫外吸収(280 nm)

②クロマトグラム

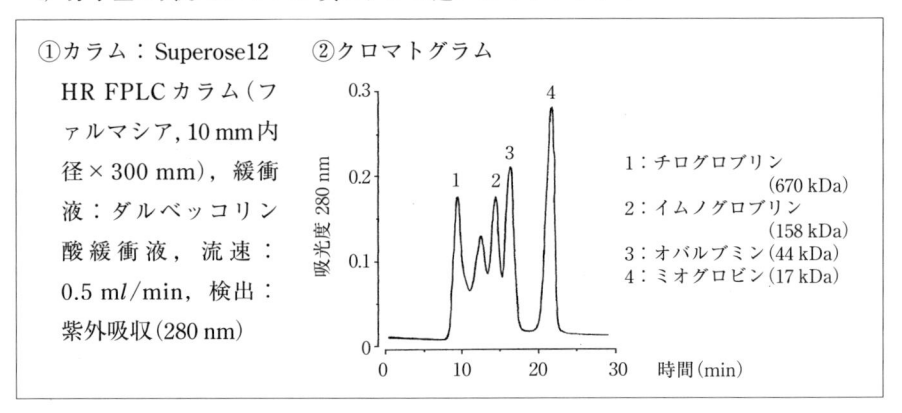

1：チログロブリン (670 kDa)
2：イムノグロブリン (158 kDa)
3：オバルブミン (44 kDa)
4：ミオグロビン (17 kDa)

3章　電気泳動

3.1　電気泳動の原理

　電気泳動とは，電場の存在下に電荷をもつ物質や分子をおくと，その電荷の反対の極方向に移動する現象をいう．このときの移動速度の違いを利用して物質を分離・分析するのが，電気泳動法である．

　現在，電気泳動法は，生命科学領域における生体高分子，とくにタンパク質や核酸の研究に欠かすことのできない手法となっている．

1) 電気泳動の原理(真空中)

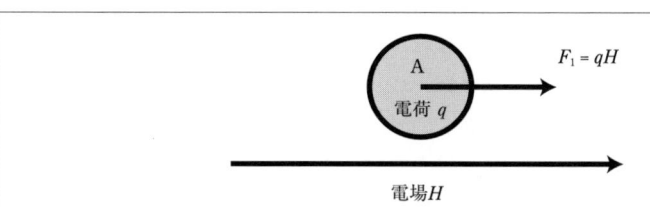

　電場の中にqという電荷をもつ分子Aをおくと，Aはqの電荷と反対符号の電極方向に力を受け移動する．このときの電場の強さをH(矢印は電場の方向を表す)，電荷をqとすると，分子Aの受ける力F_1は，

$$F_1 = qH$$

で表すことができる．真空中では分子Aは同じ力を受け続け，しだいに加速される．分子の質量をM_A，加速度をaとすると，

$$F_1 = M_A a$$

で表すことができる．したがって，分子の電荷，質量により，電場の中の分子は異なる速度で移動し，たがいに分離することができる．

2) 電気泳動の原理（水中）

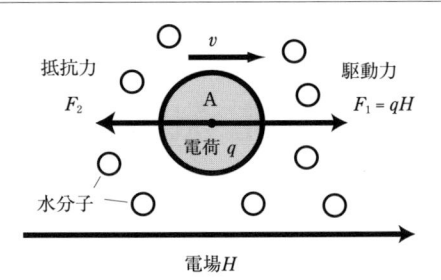

（図：電場 H 中の電荷 q を持つ分子Aに働く駆動力 $F_1 = qH$ と水分子衝突による抵抗力 F_2、速度 v）

分子Aが水中の電場中におかれると，Aの受ける駆動力は真空中の場合と同様，
$$F_1 = qH$$
となる．しかし，水中で分子Aは水分子に衝突し，速度とともに増大する抵抗力 F_2 を受ける．そして，駆動力と抵抗力がつりあうとき（$F_1 = F_2$），分子Aは一定速度で移動する．

抵抗力は単位時間内に衝突する水分子の質量 M_B と個数 n_B に比例し，比例定数 k を用いて，
$$F_2 = kM_B n_B$$
で表すことができる．n_B は両分子を剛体球と考えると，分子Aの速度を v として，
$$n_B = \pi (rAB)^2 C_B v$$
となる．ここで，rAB は分子Aの半径 rA とBの半径 rB の和，C_B は水分子の濃度である．したがって抵抗力 F_2 は，
$$F_2 = kM_B \pi (rAB)^2 C_B v$$
となる．すなわち，水中での電気泳動時の抵抗力は，分子Aの速度に比例し，分子Aの半径が大きいほど大きくなる．

以上の式から，
$$v = qH / kM_B \pi (rAB)^2 C_B$$
となり，分子の移動速度は電場の強さに比例する．

3) 電気泳動の原理（ゲル中）

タンパク質を電気泳動で分離する場合，支持体としてポリアクリルアミドなどのゲルを用いる場合が多い．支持体ゲルは分子の網目のような構造をもち，この網目をタンパク質分子が通り抜ける際に，抵抗力を受ける．

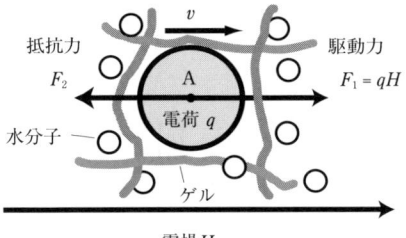

```
     抵抗力        v      駆動力
      F₂                  F₁ = qH
            A
           電荷 q
   水分子
          ゲル
             電場 H
```

タンパク質の電気泳動速度(v)は，タンパク質の電荷(q)に依存する．

$$v = qH/f \quad (f は摩擦係数)$$

タンパク質が球形である場合，ストークス(Stokes)の法則により，

$$f = 6\pi\eta r \quad (\eta：溶液の粘性)$$

なので，タンパク質の移動度uは，

$$u = v/H = q/6\pi\eta r$$

となる．しかし，タンパク質のようなコロイド粒子はイオンや水和により電荷が影響を受けるため，見かけの電荷(q')を示す．q'は，一般にタンパク質の形成する電気二重層のζ電位として表すことができる．すなわち，媒体の誘導電位をDとすると，

$$q' = \zeta = q/Dr$$

よって，移動度uは，

$$u = \zeta D/6\pi\eta$$

となる．したがってタンパク質に電場Hを与えると，タンパク質はζ電位に基づいて移動するので，その相違によってタンパク質の分離が可能になる．

3.2 チセリウスの電気泳動

支持体を使用しない電気泳動法によるタンパク質の分離は，1930年代チセリウス(Tiselius)により始められ，1950〜1960年ごろ移動界面電気泳動法として汎用された．

チセリウスの電気泳動装置は，図3.1のようにU字管にタンパク質試料を入れ，その上部に界面を形成するように緩衝液を上層し，電圧をかける．すると，タンパク質はその荷電に基づいて界面を形成しながら移動する．このときの移動したタンパク質を，屈折率の変化に着目するシュリーレン(Schlieren)光学系を用いて検出する．しかし，この方法は多量の試料を必要とし，分解能も低く，分離の困難さなどの理由か

ら，現在ではほとんど利用されていない．

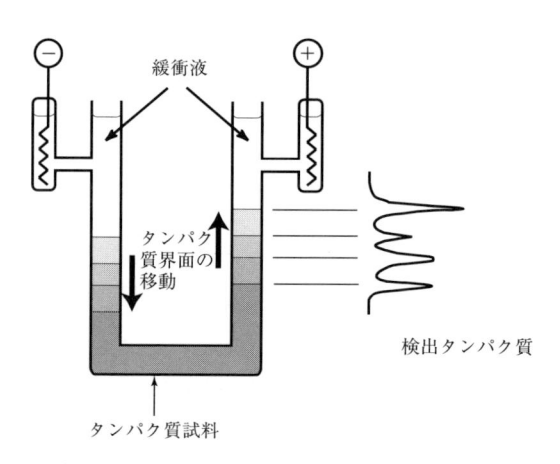

図3.1 チセリウスの電気泳動セルと検出タンパク質

3.3 タンパク質のゲル電気泳動

1) 支持体

現在，タンパク質の分離・分析において，支持体を用いる電気泳動法（ゾーン電気泳動法）が汎用されている．これは試料中に含まれる各成分を，ゾーンとして分離することに基づくものである．そのなかでも，ポリアクリルアミドゲルを支持体として用いる電気泳動法が，もっともひんぱんに利用されている．

ポリアクリルアミドは，アクリルアミドとN, N'-メチレンビスアクリルアミド(BIS)の重合物である（図3.2）．アクリルアミドは重合により直鎖状のポリマーを形成し，BISはビニル結合の官能基を分子の両端にもつので，アクリルアミドポリマーどうしを架橋して網目状の構造を形成する．ポリアクリルアミドの濃度を変えることによって網目の大きさを調節できるため，広範な分子量分画能をもつゲルの作製が可能である．

ゲルの濃度は，アクリルアミドとBISの初期濃度により調節する．アクリルアミドポリマーの網目の大きさは通常，以下に示すアクリルアミドの濃度$T(\%)$と架橋度$C(\%)$で表される．

$T(\%) = 100\ \text{m}l$ あたりの（アクリルアミド重量 + BIS重量）

$C(\%) = \text{BIS重量}/(\text{アクリルアミド重量} + \text{BIS重量}) \times 100$

3.3 タンパク質のゲル電気泳動

図3.2 ポリアクリルアミドの構造

したがって，T(%)が高いほど分画サイズは小さくなる．一般に，タンパク質の分離には3〜20%の範囲が用いられる．Tの値は分離したいタンパク質の分子量範囲によって決定されるが，分子量10万〜50万のタンパク質には5%程度，分子量10万程度で10%程度，分子量3万以下で20%程度が，おおよその目安である．

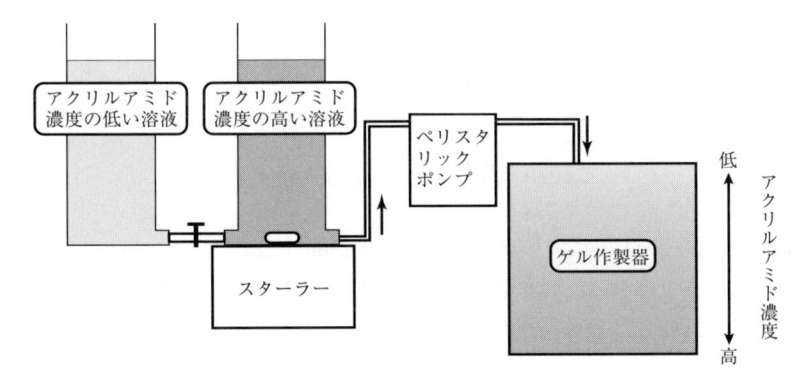

図3.3 密度勾配ゲル作製装置

重合にはラジカル開始剤として過硫酸アンモニウム(APS)，重合促進剤としてN, N, N', N'-テトラメチルエチレンジアミン(TEMED)を用いる反応が一般的である．

分子量が広範囲にわたるタンパク質試料，あるいは分子量が未知のタンパク質を分析する場合，アクリルアミドゲル濃度に勾配をつけた密度勾配(グラディエント)ゲルが用いられる．密度勾配ゲルは，図3.3のような装置を用いて作製する．

2) 緩衝液系

電気泳動で用いられる緩衝液系は，連続系と不連続系の2つに大別できる．

連続系では電極液，試料溶液，およびゲルの緩衝液組成は一定である．この方法では，単一組成のゲルを用いるため，その作製が簡便である反面，分離能は不連続系に比べ低い．

一方，不連続系ではそれぞれ異なるpHの電極緩衝液，試料溶液，濃縮ゲル(stacking gel)，分離ゲル(separating gel)を用いる．この方法では，適当な孔径の分離ゲルにより，タンパク質のサイズと電気的性質によってタンパク質を分離・分析する．図3.4に不連続系の電気泳動模式図を示す．

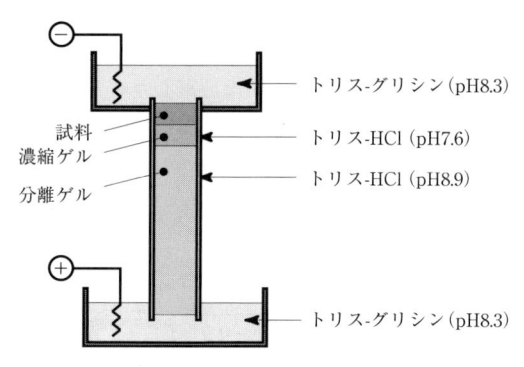

図3.4 不連続緩衝液系電気泳動模式図

ゲルは移動速度の非常に大きいイオン(leading ion，ここでは塩化物イオン)，上下電極槽の電極液は移動速度の非常に小さいイオン(trailing ion，ここではグリシンイオン)を含んでいる．

ゲル上部に添加したタンパク質試料は，電圧をかけると濃縮ゲル中を泳動中に濃縮され，分離ゲル中まで移動すると分子の大きさと電荷にしたがって分離される(図3.5)．

3.3 タンパク質のゲル電気泳動

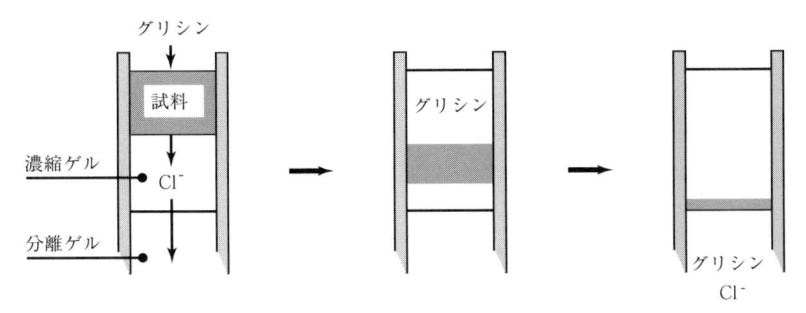

1. 濃縮ゲルの上部に，中間の移動速度をもつタンパク質試料を添加して電圧をかける．塩化物イオン（leading ion）が正極方向に移動すると濃縮ゲル部分のイオン強度が低くなり，導電性が減少する．

2. 導電性低下によって濃縮ゲルゾーンの電位勾配が鋭くなり，グリシンイオン（trailing ion）の移動度を加速する．タンパク質試料もその移動度に応じて加速される．グリシンイオンは塩化物イオンのすぐ後を追いかけるのでゾーンは非常にせばまり，タンパク質試料はこのゾーンに濃縮される．

3. 濃縮ゲル・分離ゲルの界面で，孔径とpHは急激に変化する．分離ゲルのpHは高いので，グリシンはイオン化され加速される一方，タンパク質はふるい効果によって減速される．その結果，グリシンイオンはタンパク質ゾーンを追い越し，塩化物イオンのすぐ後を追う．タンパク質試料は分離ゲル中を，大きさと電荷にしたがって，ゆっくりと移動する．

図3.5　不連続緩衝液系による試料の濃縮

3）電気泳動装置

i）スラブ式電気泳動装置

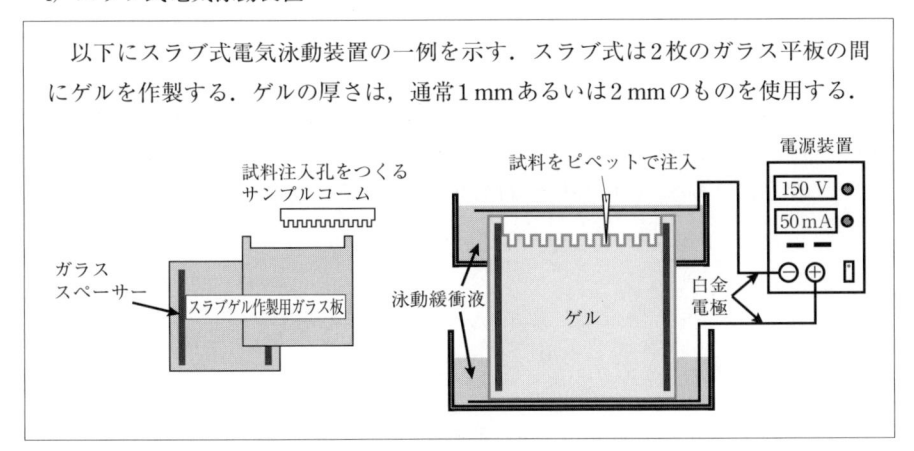

以下にスラブ式電気泳動装置の一例を示す．スラブ式は2枚のガラス平板の間にゲルを作製する．ゲルの厚さは，通常1mmあるいは2mmのものを使用する．

ii) ディスク式電気泳動装置

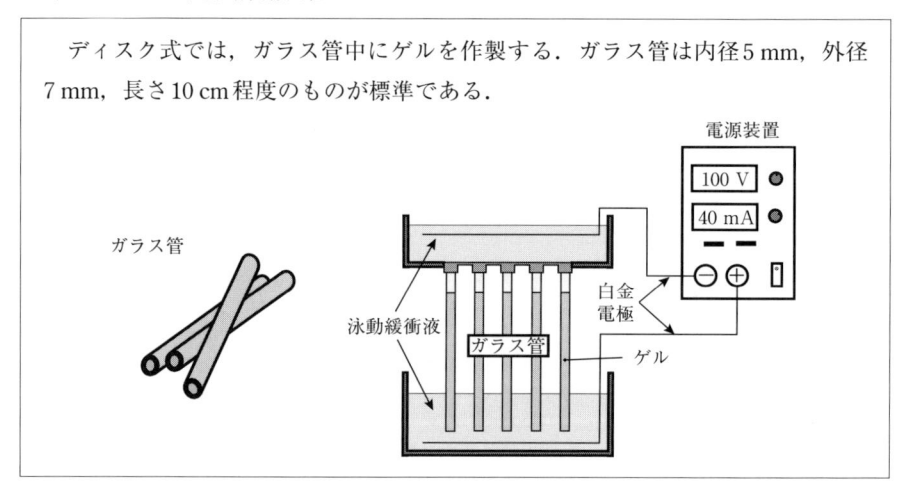

ディスク式では，ガラス管中にゲルを作製する．ガラス管は内径5 mm，外径7 mm，長さ10 cm程度のものが標準である．

4) タンパク質の染色

タンパク質のゲル上での検出には，色素染色法または銀染色法がよく用いられる．タンパク質を染色するためには，検出感度の高さ，安定性のよさからクーマシー・ブリリアント・ブルー R-250 (coomassie brilliant blue R-250) がもっともよく用いられる．この色素により，マイクログラム単位のタンパク質を検出できる．

クーマシーブリリアントブルーR-250

銀染色法とは，タンパク質に高い親和性で結合する Ag^+ あるいは $Ag(NH_3)$ をゲルのタンパク質に結合させ，還元剤によって Ag^+ や $Ag(NH_3)$ を Ag 粒子に変換して，沈着させる染色法である．CBB染色の50～100倍の感度でタンパク質を検出できる．

図3.6　銀染色法の原理

3.4 SDS-ポリアクリルアミドゲル電気泳動（SDS-PAGE）

SDS-ポリアクリルアミドゲル電気泳動（polyacrylamide gel electrophoresis，SDS-PAGE）は，タンパク質とドデシル硫酸ナトリウム（sodium dodecyl sulfate，SDS）の間に形成される複合体がポリアクリルアミドゲル中で示す電気泳動挙動の特性を利用して，それらの同定，もしくは分子量の推定に用いる分離・分析法である．この手法は，装置，操作面における簡便性，高い分離能などの利点から，タンパク質研究に欠かせない手法として，さかんに利用されている．

1）SDS-PAGEの原理

SDS-PAGEでは，タンパク質試料をあらかじめ負電荷をもつ強力な界面活性剤であるSDSで処理し，タンパク質-SDS複合体を形成させておく．SDSは，分子内唯一の解離基である硫酸基のpK_aは約1であり，電気泳動条件では−1の電荷をもつ．

$$\text{SDS} \qquad CH_3-(CH_2)_{11}-O-\overset{\overset{O}{\|}}{\underset{\underset{O}{\|}}{S}}-O^{\ominus} Na^{\oplus}$$

β-メルカプトエタノール　$OH-CH_2-CH_2-SH$

図3.7　SDS-PAGEに用いる試薬

SDSはタンパク質1gあたり，1.4gの割合で結合するとされており，タンパク質に結合分子数だけの負電荷を加えることになる．さらに，通常はメルカプトエタノールなどの還元剤を加え，タンパク質のS-S結合を切断するので，多数のサブユニットからなるタンパク質分子を構成するポリペプチドを，分離・分析することができる．

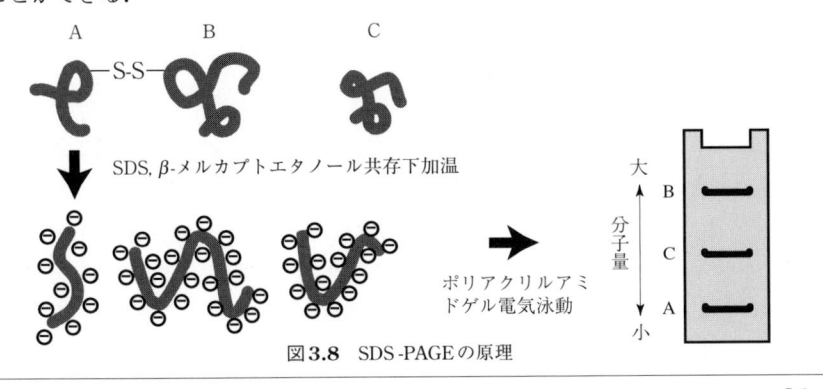

図3.8　SDS-PAGEの原理

SDS処理後はもとのタンパク質の電荷にかかわりなく，全体として大きな負電荷をもった分子として考えることができる．したがって，これをポリアクリルアミドゲル中で電気泳動すると，正極へ向かって移動する．ここでタンパク質の高次構造は完全に壊され，皆同じ棒状の構造をとっているため，ポリアクリルアミドゲルの網目の中ではゲルが分子ふるいの役割をして，大きなタンパク質は小さなタンパク質より遅れて泳動される．その結果，タンパク質の混合物を分離し，分子量の順に並んだタンパク質のバンドができる．

3.5 等電点電気泳動

等電点電気泳動とは，タンパク質を電荷(等電点)の違いによって分離する手法である．
1) タンパク質の解離基のpK_a

タンパク質の電解質としての挙動に関係するのは，主としてアミノ酸側鎖の極性基，および両端のα-アミノ基，α-カルボキシル基である．表3.1にタンパク質のおもな解離基のpK_a(アミノ酸のときの値)を示す．pK_a値は極性基が半分中和されたときのpHに相当する．遊離のアミノ酸とタンパク質中の残基とではpK_a値がかなり異なる．これは，近接するほかの極性基による静電的影響，水素結合，溶媒の影響などが考えられる．

表3.1 タンパク質の解離基のpK_a

解離基	アミノ酸	pK_a (25℃)	
		タンパク質中の残基	遊離アミノ酸
α-カルボキシル基		3.0〜3.2	1.8〜2.3
β-カルボキシル基	アスパラギン酸	3.0〜4.7	3.86
γ-カルボキシル基	グルタミン酸	〜4.5	4.25
イミダゾール基	ヒスチジン	5.6〜7.0	6.0
α-アミノ基		7.6〜8.4	8.6〜10.7
ε-アミノ基	リジン	9.4〜10.6	10.53
SH基	システイン	9.1〜10.8	8.33
フェノール性OH基	チロシン	9.8〜10.4	10.07
グアニジル基	アルギニン	11.6〜12.6	12.48

2) タンパク質の等電点電気泳動

タンパク質分子にはかならず，正負両方の解離基がつりあって電場で動かなくなるpH，すなわち等電点が存在する．したがって，タンパク質をpHが連続的に変化する溶液の中で電気泳動すれば，図3.9のように等電点のpHのところで停止する．

タンパク質は複雑な立体構造をとっているため，タンパク質中の全極性基の種類と

数ではなく，タンパク質分子表面の極性基の種類と数により等電点が決定されることに，注意しなければならない．

等電点電気泳動におけるpH勾配を安定化するために，たがいに等電点が少しずつ異なるような多種類の両性電解質混合物が用いられる．図3.10に市販の両性電解質混合物であるAmpholine（ファルマシア-LKB）の構造を示す．これらの分子の等電点は，カルボキシル基とアミノ基のpK_aの範囲（3.5～9）にあり，この範囲でゲルのpHを安定化できる．

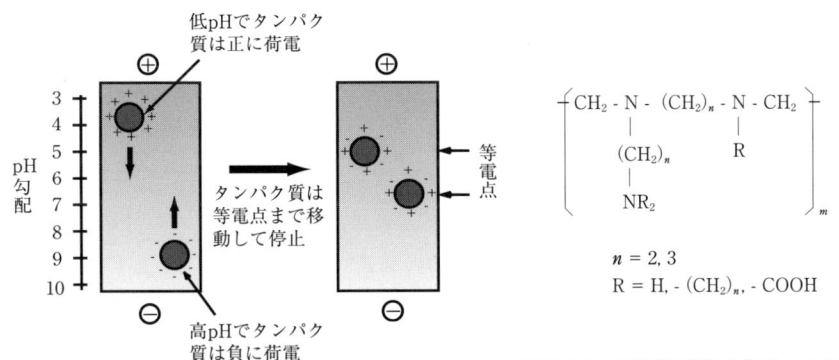

図3.9　等電点電気泳動によるタンパク質の分離

図3.10　両性電解質混合物（Ampholine）の構造

$$\left\{ \begin{array}{c} CH_2 - N - (CH_2)_n - N - CH_2 \\ | \quad\quad\quad\quad | \\ (CH_2)_n \quad\quad R \\ | \\ NR_2 \end{array} \right\}_m$$

$n = 2, 3$
$R = H, -(CH_2)_n, -COOH$

3.6　2次元電気泳動

タンパク質の分析において最も高い分離能を有する方法が，SDS-PAGEと等電点電気泳動を組み合わせた2次元電気泳動である．

1）2次元電気泳動の原理

> 2次元電気泳動の基本原理は，右に示すように1次元めは電荷の違いにより分離（等電点電気泳動）したのち，それと直角方向に分子量の違いにより分離（SDS-PAGE）するというものである．分子量と電荷というタンパク質のもつ2つの性質は，たがいに独立しているため，タンパク質は2次元平面上に一様に分布し，高い分解能が得られる．実際に等電点電気泳動により1,000種類以上のタンパク質の分離が可能である．

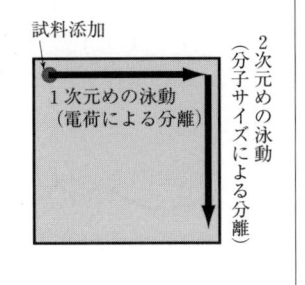

2）2次元電気泳動法

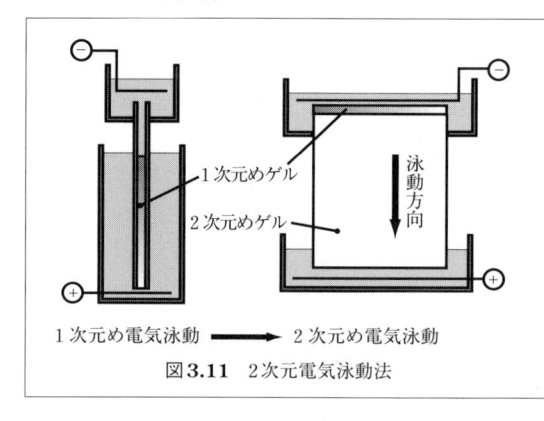

2次元電気泳動において，2つの電気泳動を1枚の平板ゲルで行うことはむずかしい．そこでまず，1次元めの等電点電気泳動を図3.11に示すような円筒状，あるいは薄層ゲル中で行う．ついでこのゲルを図3.11のようにスラブゲルの上部におき，今度は分子の大きさにより分離する．

図3.11　2次元電気泳動法

3.7　免疫電気泳動

免疫電気泳動法は，ゲル内沈降反応の1つの様式であり，抗原抗体反応にあずかる反応因子が電気泳動法によって分離される過程と，ゲル内沈降反応とが組み合わされた分析方法を総称している．

1）免疫電気泳動法の原理

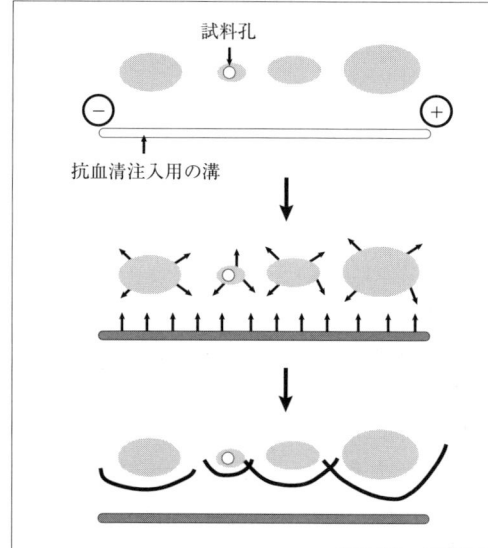

1. 試料の電気泳動
   アガロースゲル平板の試料孔に抗原試料を入れ，電気泳動を行う．

2. 抗原・抗体の拡散
   泳動後，泳動方向に作製した細長い溝に抗血清を注入し，抗原および抗体を拡散させる．

3. 沈降曲線形成
   抗原と抗体の濃度勾配が重なったところで複合体が形成され，沈降曲線ができる．

図3.12　免疫電気泳動法

1953年，Grabur-Williamsにより最初に開発された基本的な免疫電気泳動法は，図3.12に示すように，支持体電気泳動法と2元平板免疫拡散法（オクタロニー法，Ouchterlony method）とを組み合わせた定性的な分析法である．

2）オクタロニー法

オクタロニー法における沈降線の表れ方は，抗原の濃度，抗原分子の大きさ，抗血清の性状によって異なる．

i）抗原濃度と沈降線の関係

抗原と抗体の濃度が最適比のとき，もっとも強い沈降線が得られる．抗原濃度が高いほど，抗体溝近くに沈降線が出現する．

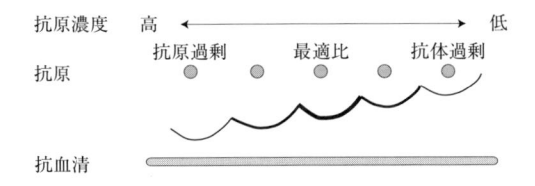

ii）抗原分子量と沈降線の関係

分子量が小さいほど拡散速度が速いため，抗体溝近くに出現し，曲率半径の大きな弧を描く．

今日，電気泳動法はタンパク質の定性的・定量的分析において欠かすことができない手法となっている．また本書では紹介しきれなかったが，タンパク質同様，核酸の分析においても必須の技術である．

電気泳動の基本原理は簡単なものであるが，目的に応じて非常に幅の広い応用が可能である．それぞれの手法や応用例については専門の成書や原著論文を参照し，より深く理解することをすすめる．

4章　可視・紫外スペクトロメトリー

　可視・紫外スペクトロメトリーは，溶液試料の濃度の決定，あるいは分子間の相互作用の検出など，化学や生化学の分野でもっともひんぱんに使われる分光法といえる．ただし，液体クロマトグラムの検出などでは装置に組み込まれているので，可視・紫外の吸収スペクトルを測定していることに気がつかないようなこともある．そのような場合でも，使用者は測定の原理をよく理解しておかないと，とんでもないまちがいをおかすこともあるので，注意が必要である．

4.1　可視・紫外領域の光吸収の原理

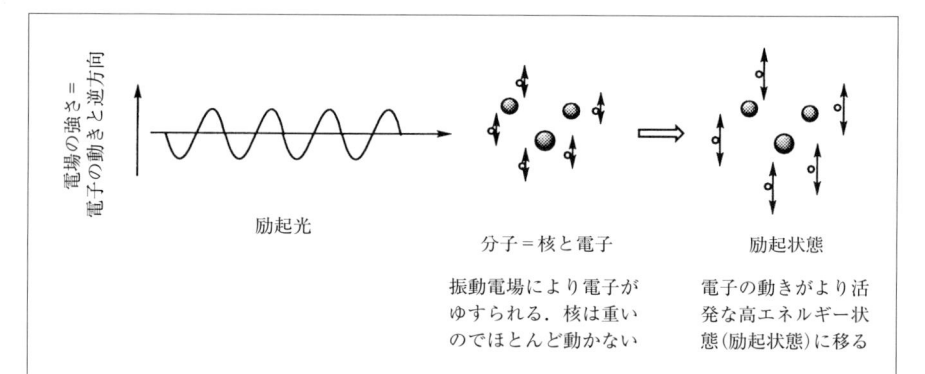

　可視・紫外領域の光(波長800〜190 nm)が分子に当たると，光の振動電場によって分子中の電子がゆすられ，分子の電子状態が安定な状態(基底状態)から不安定な状態(励起状態)へ移行する．これが光吸収の原理である．光吸収が起こるためには，光のエネルギー($h\nu$)が（励起状態のエネルギー）−（基底状態のエネルギー）に等しいこと，および基底状態の電子の軌道が光による振動により，励起状態の軌道の形に似てくることが必要である．

4.2 遷移モーメント

基底状態の軌道が光によってゆさぶられ，励起状態の軌道の形に似てくるという条件は，遷移モーメント μ_{fi} を用いて定量的に表される．

$$\mu_{fi} = \int \phi_f \mu_e \phi_i \, d\tau$$

ここで，ϕ_i は基底状態の分子軌道，ϕ_f は励起状態の分子軌道，μ_e は光の電場ベクトルの方向を表している．つまり，遷移モーメントは基底状態の分子軌道 ϕ_i が電場 μ_e による変形を受けたとき，変形した状態 ($\mu_e \phi_i$) と励起状態 ϕ_f の形がどの程度まで似であるかを定量的に示すものである．光吸収の強度(分子吸光係数 ε)は遷移モーメントの2乗に比例する．

4.3 吸収スペクトル測定原理

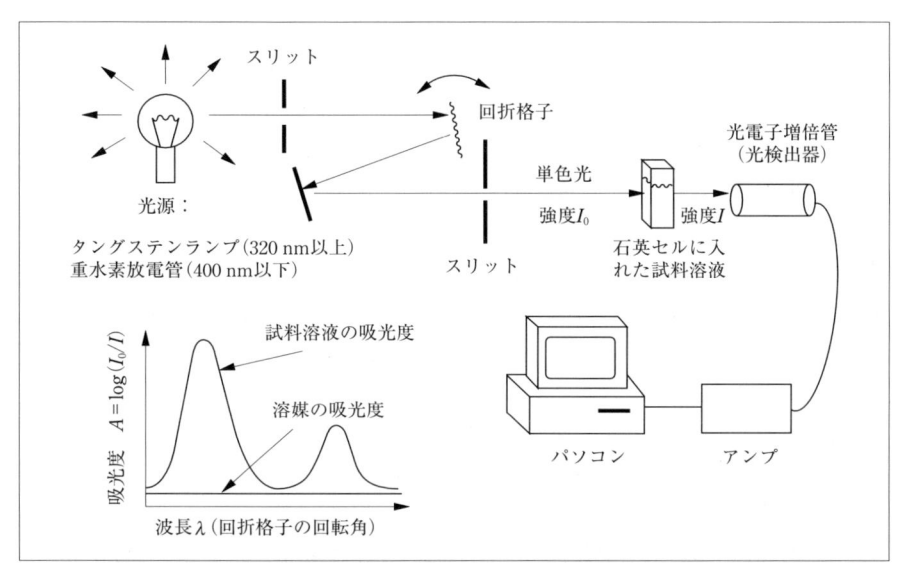

図4.1 シングルビーム型分光計

図4.1はシングルビーム型分光計を示す．光源(紫外部は重水素放電管，可視部はタングステンランプ)の光をスリット(細いすきま)を通して分光器に入れる．分光器の中には回折格子があり，その角度を変化させると，出口側のスリットに出る光の波長が変化する．このようにして得られた一定波長の光(単色光)を試料溶液に入射し，透

過光の強度を光電子増倍管によって電流に変える．この電流値を，アンプを介してパソコンに取り込む．回折格子の角度を変えて波長を変化させ，各波長における透過光強度を記録する．パソコンで，吸光度 $A = \log(I_0/I)$ の計算を行い，縦軸に吸光度，横軸に波長をとったスペクトルを出力する．

また，分光器から出た光を2本に分け，一方を試料側に，他方を参照側に使うダブルビーム型の分光計もある．この場合は常に試料に当てる前の光強度 I_0 をモニターしながら測定できるので，吸光度の精度が高い．

4.4 吸収スペクトル測定の実際

シングルビーム型分光計の場合，まず試料溶液のスペクトルを測定する．セルを溶媒でよく洗ったのち，溶媒だけのスペクトルを測定してベースラインとする．測定後，付属のパソコンで引き算を行い，溶液の正味のスペクトルを算出する．

ダブルビーム型の分光計の場合，参照側に溶媒だけが入ったセルをおくと，直接正味のスペクトルを得ることができる．しかし試料側と参照側においた2つのセルの微妙な違いなどを考えると，ダブルビーム型の場合でも試料と溶媒を同じセルを用いて別々に測定し，あとで引き算をするほうが正確なスペクトルを得ることができる．このとき，参照側には何もおかない．

測定できる濃度範囲は，吸光度(absorbance)にして0.01〜2.5程度の範囲である．吸光度2.5以上の場合はセルを透過する光が非常に弱くなるので，不正確になる．ダブルビーム型の分光計で参照側に溶媒を入れたセルをおいておくと，吸光度が2.5を超えているのに気がつかないことがある．その意味でも，参照側には何もおかないほうが安全である．

測定終了後は，溶媒の入ったセルを分光器の中におき忘れないようにする．分光器の中で溶媒を蒸発させると，分光器の回折格子やミラーを著しく損傷し，感度の低下をひき起こす．

生体試料では，極微量の試料を扱う場合が多い．試料溶液の量が少ない場合は，市販のミクロセルを用いると溶液の量は0.2 ml程度まで少なくできる．溶液量が十分でなく，セルを透過する光のビームが溶液の界面にかかったり，空気中を通ったりする場合は，スペクトルの形が著しくゆがむ．これを避けるためには，試料溶液の存在しないところに光が当たらないよう，セルの前面に黒いビニルテープをはりつける．ただし，ベースラインの測定にも同じセルを用いること．

溶質が非常に少量で吸光度の値が0.01以下の場合は，測定を何度もくり返してパソ

コンで積算するとノイズが低減する．しかし，吸光度が0.001以下の場合は，特殊な装置を用いないと測定は困難である．

4.5 可視・紫外吸収スペクトルの溶媒の選択

　吸収測定に用いる溶媒は，観測する波長領域に吸収のないものを用いる．とくに280 nmより短い波長領域を測定する場合は，溶媒の選択に注意が必要である．溶媒単独でスペクトルを測定し，吸光度が2以下の波長が一応使用可能な領域である．理想的には，吸光度が0.5以下の領域だけを用いるのが望ましい．以下に，種々の溶媒を1 cmセルに入れたとき吸光度が2になる波長を示す．ただし1 cmより薄いセルを用いる場合は，より短い波長領域まで使用可能である．200 nmより短い波長では，空気中の酸素の吸収のため吸光度が大きくなる．これを避けるため，分光器に窒素ガスを大量に流して酸素を除く．

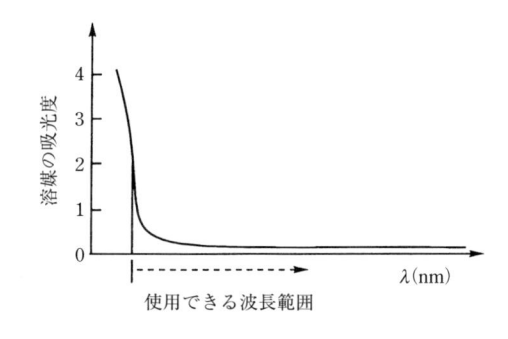

溶　　媒	使用可能短波長端(nm)
純水	< 180
アセトニトリル	< 190
リン酸緩衝液(0.01 M)	192
リン酸緩衝液(0.1 M)	203
トリス緩衝液(0.01 M)	203
トリス緩衝液(0.1 M)	210
HEPES緩衝液(0.001 M)	192
HEPES緩衝液(0.01 M)	210
HEPES緩衝液(0.1 M)	225
ヘキサフルオロイソプロピルアルコール(HFIP)	190
トリメチルリン酸(TMP)	195
メタノール，エタノール	210
シクロヘキサン	210
ジオキサン，ヘキサン	220
塩化メチレン	230
クロロホルム	240
ジメチルスルホキシド(DMSO)	253
ジメチルホルムアミド(DMF)	260

4.6 ランベルト・ベールの法則

光が吸収体の溶液を通過すると，その強度は図4.2のように指数関数的に減少する．$x = 0$で入射する光の強度をI_0，厚さdの溶液を通過後の光強度をIとすると，$\log(I_0/I)$で定義される吸光度Aは，溶質濃度を$c(\mathrm{mol}/l)$，溶液の光路長$d(\mathrm{cm})$として，

$$A = \varepsilon c d$$

で表される．この関係をランベルト・ベール(Lambert-Beer)の法則とよぶ．ここで，εは分子吸光係数とよばれる量で，$l/\mathrm{mol}\cdot\mathrm{cm}$の単位をもっている．普通の分光計は吸光度$A$を直接出力するので，$\varepsilon$が既知なら溶質の濃度を求めることができる．

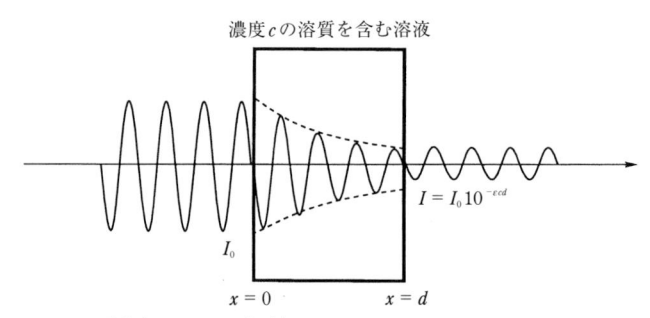

図4.2

生物化学では，タンパク質，核酸，補酵素などの濃度は吸収スペクトルから求めることが多い．また，酵素反応の進行を，基質濃度の減少や生成物濃度の増加によって追跡することもよく行われる．これらは，濃度と吸光度が比例するというランベルト・ベールの法則を利用しているのである．

4.7 分子吸光係数の決定

溶質のεを決定するには，種々の濃度の溶液の吸収を1 cmセルで測定し，吸収ピーク波長での吸光度を濃度(mol/l)に対してプロットする．このとき，溶媒のみの吸収も同じセルを用いて測定し，その分を差し引いておく．溶液の吸光度が最大2.5を超えない範囲で測定する．プロットの直線部分の勾配が，その波長での分子吸光係数$\varepsilon(l/\mathrm{mol}\cdot\mathrm{cm})$である．

溶液の濃度は，通常$10^{-4}\,\mathrm{mol}/l$以下の希薄なものになる．このような希薄溶液を調

製するには，まず試料を10 mgを少し超える程度(微量試料の場合は1 mgを少し超える程度)メスフラスコ中に正確に計り入れ，それを一定容積になるように溶媒で溶かす．この母液をピペットとメスフラスコを用いて薄め，種々の濃度の溶液を作る．ある種の色素類はガラス器壁に吸着し，正確に薄めていくことが困難なので，注意が必要である．

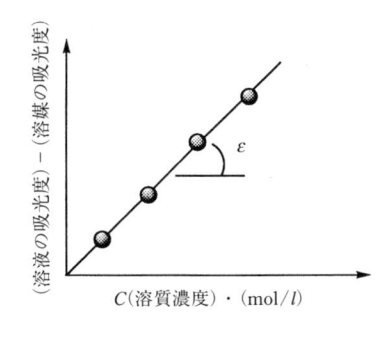

分子吸光係数は，一般には温度に依存する．できれば25℃の標準条件で測定することが望ましい．もし右のプロットが直線にのらない場合は，溶質間の相互作用が考えられる．生体分子の場合，しばしばこのようなことが起こるので，分子吸光係数は1点の濃度で求めるのではなく，できるだけ広い範囲の濃度で測定しておくことも重要である．

4.8　吸収スペクトル温度可変測定(DNA融解曲線の測定)

種々の温度で吸収スペクトルを測定する例として，DNAの融解曲線の測定につい

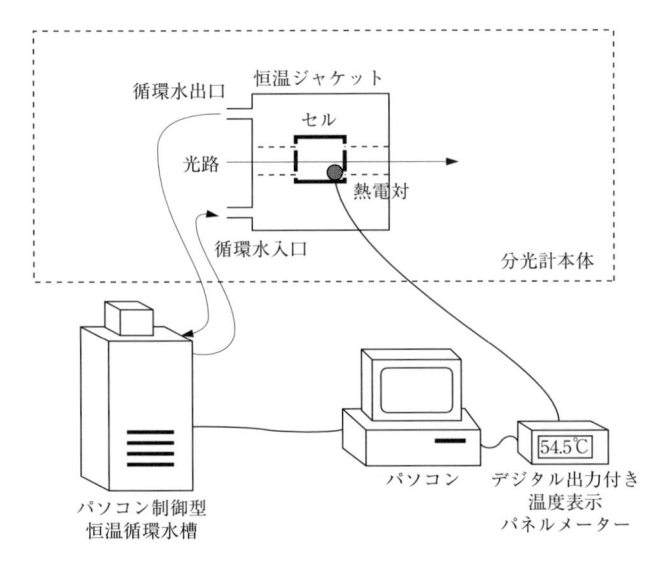

図4.3　温度可変吸収測定装置

て説明する．DNAは低温では二重らせん構造をとっているが，80℃以上では二重鎖がほどけている．260 nm付近の核酸塩基の吸収は，二重鎖のときは塩基間の重なりのため小さい分子吸光係数を示すが，一本鎖のときは大きくなる．そこで温度を二本鎖から一本鎖へDNAを融解させると，260 nmの吸収強度は増加する．この吸収強度の温度変化から，DNAの融解曲線を測定することができる．

温度可変吸収測定装置を図4.3に示す．正確に温度を測定するため，セルの中に細い熱電対を差し込んでデジタル温度計に接続し，そのデジタル出力をパソコンに入力する．パソコンはセル内の温度に応じて恒温水槽の温度を制御するとともに，一定温度間隔でスペクトルを自動測定する．

次節に，種々の温度でのdA_{12}とdT_{12}の吸収スペクトルと，その260 nmにおける強度の温度依存性を示す．

4.9 温度変化吸収スペクトル測定例（DNA融解曲線）

二重らせんDNAは，高温ではほどけて一本鎖になる．二本鎖から一本鎖への変化は，核酸塩基の吸収変化として追跡することができる．すなわち，二重らせん状態では塩基どうしが重なりあい（スタックし），淡色効果により吸収が弱くなっている．温度を上げていって一本鎖になると，淡色効果がなくなり吸収が強くなる．この変化を，温度を少しずつ上昇させてスペクトルを多数測定することによって追跡する．

種々の温度でのdA_{12} + dT_{12}の等量混合溶液のスペクトルを図4.4に示す．260 nmの吸収強度を温度に対してプロットすると，図4.5のようなDNA融解曲線が得られる．これから，このオリゴDNAの融点は41℃と求められる．

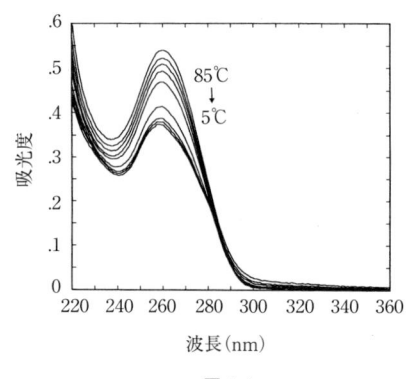

図4.4

図4.5

4.10 分子会合体の吸収スペクトル(J会合体とH会合体)

種々の色素や生体分子は，自己会合しやすい性質をもっている．吸収スペクトルの変化から，会合体の構造についての知見を得ることができる．

遷移モーメントが頭—尾方向に並ぶ

会合すると長波長側に鋭いピークが現れる

単量体

吸光度

λ

図 **4.6** J会合体

遷移モーメントが平行に並ぶ

会合すると短波長側に鋭いピークが現れる

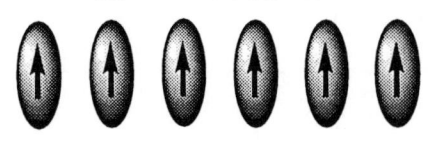

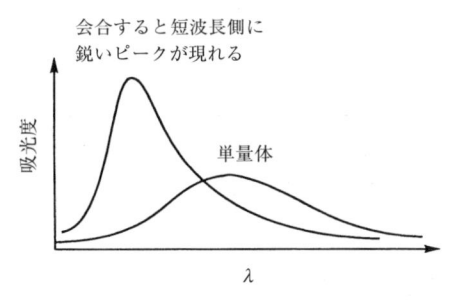

単量体

吸光度

λ

図 **4.7** H会合体

5章 赤外スペクトロメトリー

　分子振動の振動数は$10^{13}\,\mathrm{s}^{-1}$のオーダーで，赤外線（infrared，IR）の振動数とほぼ一致している．分子の振動に伴って，分子の双極子モーメントの大きさや方向が変化するが，赤外線が当たると赤外線の振動電場と分子の振動双極子が相互作用し，エネルギーを吸収する．その結果，分子はより激しく振動する高エネルギー振動状態に移る．これが赤外吸収の原理である．特定の機能基は特定の固有振動数をもつので，特定の波長の赤外線のみを吸収する．たとえば，C‐H伸縮振動は約$2900\,\mathrm{cm}^{-1}$，C＝O伸縮振動は約$1700\,\mathrm{cm}^{-1}$，C‐Cl伸縮振動は約$700\,\mathrm{cm}^{-1}$で赤外線を吸収する．このため，構造未知の化合物の赤外吸収スペクトルを測定することにより，それがどのような置換基をもっているかを容易に知ることができる．

5.1　分子振動と赤外吸収

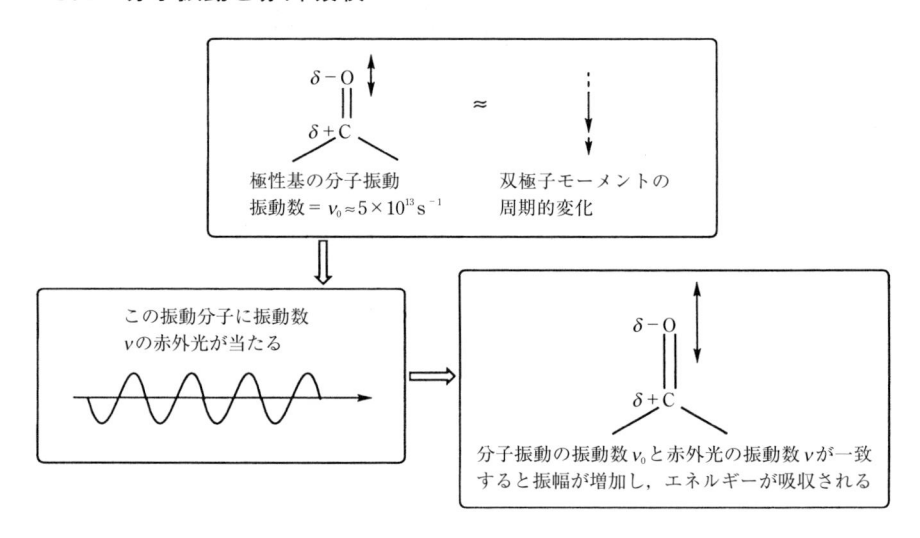

極性基の分子振動
振動数 ＝ $\nu_0 \approx 5 \times 10^{13}\,\mathrm{s}^{-1}$

双極子モーメントの周期的変化

この振動分子に振動数νの赤外光が当たる

分子振動の振動数ν_0と赤外光の振動数νが一致すると振幅が増加し，エネルギーが吸収される

5.2 分散型IRスペクトル測定原理

図5.1にダブルビーム分散型赤外分光計の概略を示す．光源(加熱したセラミックス)の光をスリットを通して分光器に入れ，回折格子によって単色光を得る．これを，半円型の回転ミラーによって試料側と参照側に交互に送り出す．試料および参照を通過した光は再び集められ，赤外線検出器に入る．試料が光を吸収していると検出器にはI_0とIの強度の異なる光が交互に入るので，その交流信号を増幅してパソコンに入力する．回折格子の角度を変えて波長を変化させ，各波長における吸光度$A = \log(I_0/I)$を求める．縦軸に吸光度，横軸に波長の逆数である波数(cm^{-1})をとったスペクトルを出力する．吸光度の代わりに，透過率$T = 100 \times I/I_0$を縦軸にとることもある．通常，波数にして400～4000 cm^{-1}の範囲を測定する．

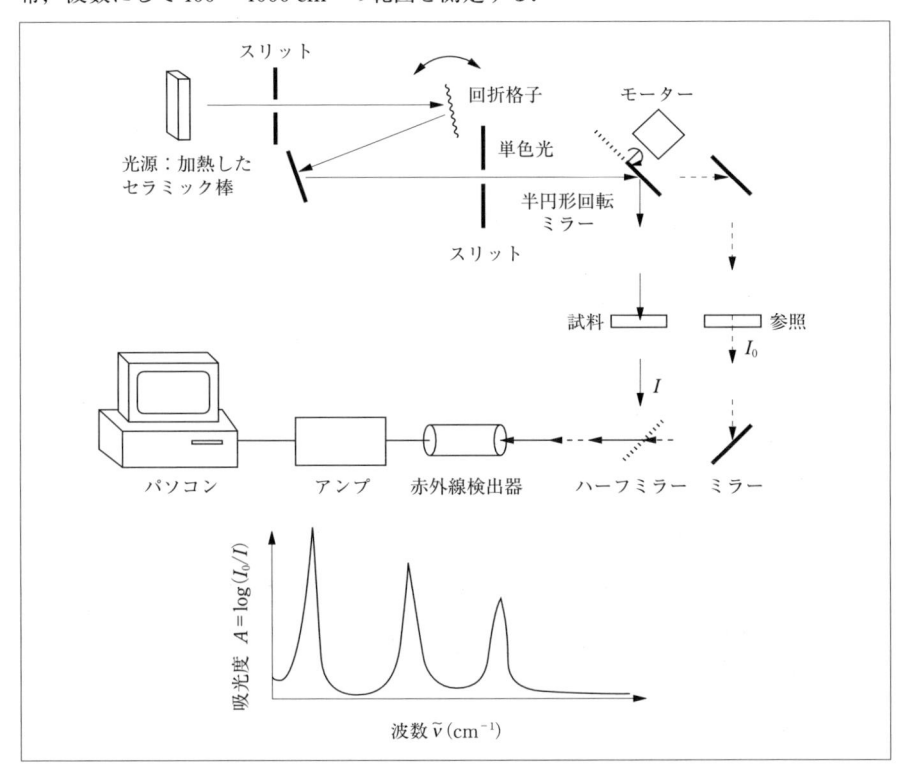

図5.1 ダブルビーム分散型赤外分光計の概略

5.3 FT-IRスペクトル測定原理

赤外吸収スペクトルは分散型の装置でも測定されるが，最近ではフーリエ変換(FT)型の装置のほうが一般的である．フーリエ変換型の装置では，分光器の代わりに干渉器を用いる．観測されるインターフェログラム(5.4節参照)は，すべての波長成分の強度情報を含んでいる．これをフーリエ変換し，それぞれの波長成分の強度を求めると，通常のスペクトルが得られる．

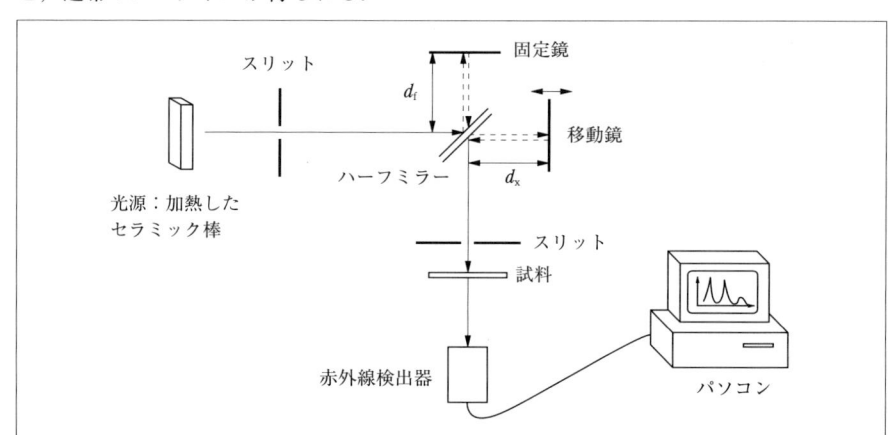

理解しやすいよう，光源からは λ_1, λ_2, λ_3 の3種類の波長の光だけが放射されているとして，FT-IRの原理を図5.2に示す．実際には種々の波長の光が連続的に照射されている．

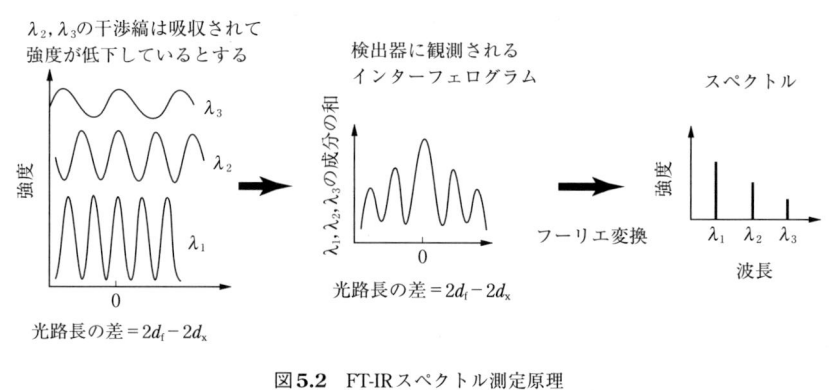

図5.2 FT-IRスペクトル測定原理

5.4 干渉器の原理

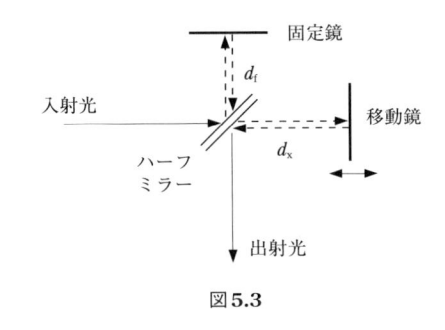

図5.3のような装置を組み立て，波長λの光を入射する．光はハーフミラーで2つに分けられる．一方は固定鏡で反射され，他方は移動鏡で反射されたのち，再びハーフミラーで合成されて出射する．

ハーフミラーから固定鏡までの往復距離を$2d_f$，移動鏡までの往復距離を$2d_x$とする．図5.4のように，$2d_f - 2d_x = n\lambda$（$n = 0, \pm 1, \pm 2, \cdots$）の場合は，ハーフミラーで再合成された光は同じ位相をもっているのでたがいに強められ，強い出射光が得られる．

それ以外の場合，とくに$2d_f - 2d_x = n\lambda + \lambda/2$の場合は，図5.5のように再合成された光は，異なる位相をもっているのでたがいにうち消しあい，弱い出射光が得られる．

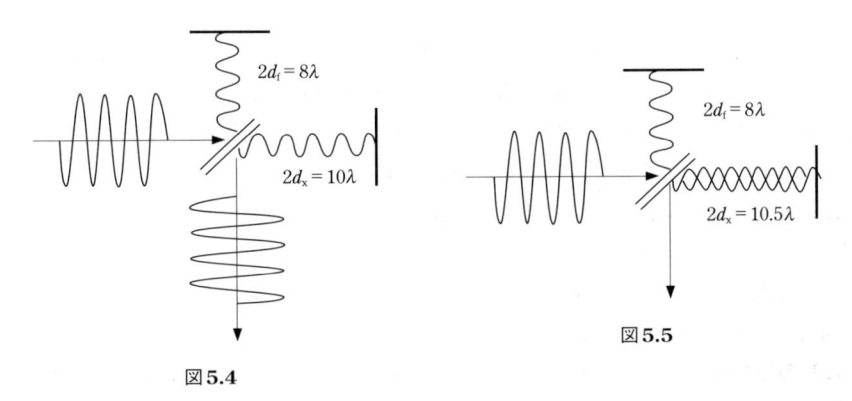

図5.3

図5.4

図5.5

移動鏡の位置をずらしてd_xを変化させると，出射光の強度は$2d_f - 2d_x = n\lambda$のところで強くなり，$n\lambda + \lambda/2$のところでは弱くなる，周期的な変化を示す．この図形をインターフェログラムとよぶ．

種々の波長の光が混じっている場合は，インターフェログラムは$2d_f - 2d_x = 0$のところをピークとする複雑な形になるが，これにフーリエ変換をすると，各波長の光の強度，すなわちスペクトルを得ることができる（図5.6）．

図5.6

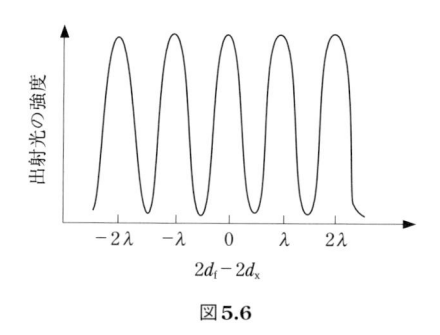

5.5 赤外吸収スペクトル測定試料の作製

1) KBr法による固体試料の測定

固体試料は，赤外線を透過するKBr結晶に分散して測定する．KBrは，市販のスペクトル用のものを用いる．水分を含んでいる場合は，結晶を100 ml程度のナスフラスコに入れ，オイルバスで200℃程度に加熱しながら，真空ポンプで5～10時間程度脱気する．

乾燥したKBrとごく微量の固体試料をメノウ乳鉢に入れ，メリケン粉程度になるまでよくすりつぶす．ガラスの乳鉢を使うと，Si-Oの強い吸収が出てしまう．すりつぶしたKBrをミクロKBr製錠器に入れて，ハンドプレスで押し固める．慣れないうちは，試料の量が多すぎることが多いので注意する．

KBrは，ステンレス鋼をさびさせる性質をもっている．ミクロKBr製錠器についたKBrは，完全にティッシュペーパーでふいておく．より完璧にするには，水洗しメタノールで置換して，ドライヤーで乾燥させる．

2) 液体(オイル)試料の測定

KBrの結晶板に液をたらし，もう一方のKBr板ではさんで液を広げる．こうして非常に薄い液膜をつくり，それを試料とする．このとき，赤外線の通る全部の面積が液膜で覆われていることが重要である．さもなければ，ピークの先端が切れたようなスペクトルになる．

3) 溶液試料の測定

KBr板やCaF$_2$板でできた専用の溶液セル(光路長0.1～1 mm程度)を用い，10％程度の溶液にして測定する．溶媒としてはクロロホルム，重クロロホルム，四塩化炭素，水，重水などがよく用いられる．水や重水を使うときは，CaF$_2$のセルを用いる．こ

れらの溶媒はいずれもかなりの赤外吸収を示すので，試料のピークと重なることは避けられない．

4) 固体バルク試料のスペクトル測定

　高分子固体フィルムのスペクトルは，フィルムが薄く引き伸ばせる場合は，そのフィルムをそのまま試料側に挿入すれば測定が可能である．薄く引き伸ばすことができない場合は，粉体反射法で測定することができる．この方法は細かく粉砕した固体試料に光を当て，それから拡散反射する光を集める方法であり，各分光器メーカーからアタッチメントが市販されている．粉砕試料だけでは吸収が強すぎる場合は，KBrやKClなどの微粉末で薄めた試料で測定する．

5.6 赤外特性吸収帯

　赤外吸収は，それぞれの原子団に固有の波数と強度で吸収が起こるので，未知化合物がどのような官能基をもっているかを調べるのにたいへん好都合である．表5.1に，バイオ分子でよく出会う官能基の特性吸収帯の例を示す．

5.7 分散型とフーリエ変換型の長所と欠点

　FT-IRの利点は，波長精度が高く，かつ1回のスペクトル測定時間が数秒ですむので，何本ものスペクトルを積算することが可能なことである．通常の測定でも数十回以上積算する．微量試料の場合は，数千回の積算を行うこともある．このため，分散型の装置に比べてはるかにノイズの少ないスペクトルを得ることができ，それをいかして微量生体成分の分析が行われている．たとえば，希薄溶液中の溶質のスペクトルを溶媒の吸収を引き算することによって正確に測定したり，固体高分子に吸着したタンパク質のスペクトルを高分子の吸収を引き算して測定することなどが可能である．また，FT-IRは波長精度が高いので，気体分子の微細な振動回転スペクトルの測定も可能である．

　一方，一般にFT-IRはシングルビーム型であり，空気中の水蒸気や二酸化炭素の吸収もスペクトルに表れる．そこで試料と空気を交互に測定し，引き算することによって試料のみの吸収を得ている．あるいは，分光器全体を真空脱気して，それらの影響を最小限にしている．そのため，測定は分散型に比べるとやや煩雑で長時間を要し，また装置も高価である．

　分散型の装置では，ほとんどがダブルビーム型になっており，空気中の水蒸気や二酸化炭素の吸収はスペクトルには直接表れない．このため，操作が簡便で短時間です

み，高い精度を要求しないルーチン測定には，依然として分散型の装置がよく使われている．

表5.1 官能基の特性吸収帯

官能基	振動モード	波数(cm^{-1})	強度
-OH	O-H 伸縮	3600（非水素結合） 3200〜3500〔水素結合〕	中
-NH	N-H 伸縮	3400〜3500（非水素結合） 3100〜3300〔水素結合〕	中
-COOH	O-H 伸縮	2600〜3200	中
	C＝O 伸縮	1700	強
-COO-	C＝O 伸縮	1600	強
-COOR	C＝O 伸縮	1720	強
-CONH-	C＝O 伸縮（アミドI）	1650（αヘリックス）	強
		1630（βシート）	強
	N＝H 変角（アミドII）	1550（αヘリックス）	強
		1520（βシート）	強
-CO-O-CO-	C＝O 逆対称伸縮	1820	中
	C＝O 対称伸縮	1750	強
-NO_2	NO 伸縮	1550	強
	NO 伸縮	1350	強
-C_6H_5	CH 変角	770	中
	CH 変角	700	中

この表はきわめて簡略化されたものである．詳細については，たとえば荒木峻ほか訳，有機化合物のスペクトルによる同定法 第6版，東京化学同人(2000年)を参照のこと．

5.8　FT-IRを用いた特殊測定

1) 拡散反射スペクトルと全反射スペクトル

　FT-IRの高性能をいかした，種々の特殊測定のためのアタッチメントが市販されている．拡散反射スペクトル測定や全反射スペクトルは，KBr法では測定が困難な固体試料の測定に有用である．拡散反射スペクトルでは固体試料を粉末にし，試料台にのせる．粉末からの反射光を集光し，表面反射の寄与を差し引いた成分からスペクトルを得る．全反射スペクトルでは，フィルム状の固体試料をゲルマニウムなどの屈折率の大きい材料に圧着させ，ゲルマニウムの中を赤外光が全反射するときにもれ出す光の吸収からスペクトルを得る．

2) 偏光スペクトル

　配向固体試料の入射側に偏光板をおき，偏光赤外線を照射すると，偏光面に平行な遷移双極子モーメントをもつ吸収が強く吸収する．この偏光スペクトル測定を用いると，固体試料中の化合物や置換基の配向を決定することができる．

3) 赤外円二色性スペクトル

　赤外円二色性スペクトル(IRCDあるいはVCD)は，通常可視・紫外領域で用いられる円偏光二色性スペクトルを赤外領域で測定するものである．これは可視・紫外領域に吸収のない化合物，あるいはその領域に妨害吸収のある化合物のキラリティーを測定するのに有用である．たとえば，側鎖に芳香族基をもつポリペプチドのヘリックス構造の確認は，普通の円二色性スペクトルでは不可能であるが，赤外円二色性ではアミド吸収帯のコットン効果で容易に測定できる．

5.9　赤外吸収スペクトル測定例：核酸塩基を側鎖にもつアミノ酸とそのペプチド

　赤外吸収スペクトルの例として，やや特殊ではあるが，筆者(宍戸)らの研究室で合成した核酸塩基(ウラシル)を側鎖にもつδ-アミノ酸誘導体と，そのオリゴペプチドの固体状態のスペクトルを示す．これらの化合物の構造とFT-IRスペクトル，および簡単なピークの帰属を図5.7に示す．

5章　赤外スペクトロメトリー

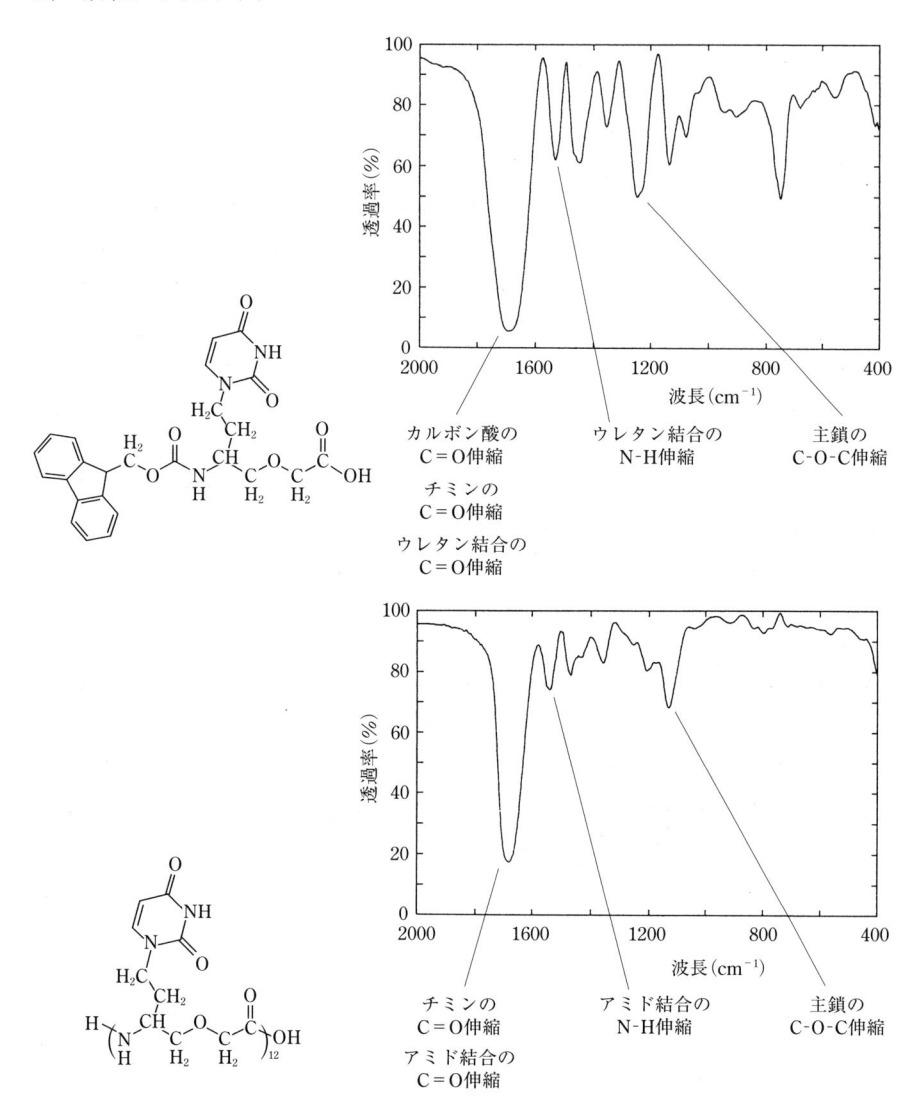

カルボン酸の
C＝O伸縮

チミンの
C＝O伸縮

ウレタン結合の
C＝O伸縮

ウレタン結合の
N-H伸縮

主鎖の
C-O-C伸縮

チミンの
C＝O伸縮

アミド結合の
C＝O伸縮

アミド結合の
N-H伸縮

主鎖の
C-O-C伸縮

図5.7　赤外吸収スペクトル測定例

52

6章　蛍光スペクトロメトリー

蛍光スペクトロメトリー(fluorescence spectrometry, 蛍光分光法)では，光により励起された蛍光物質が，基底状態に戻る過程において光放射する現象を利用する．蛍光スペクトロメトリーにより得られる情報は，蛍光物質の周りの環境，つまりタンパク質や核酸分子などの微視的・巨視的構造や存在状態などを反映している．蛍光分子の挙動は，①蛍光スペクトル(波長，強度，量子収率)，②蛍光寿命，③蛍光異方性，などで特徴づけられる．

6.1　原　　理

光吸収により基底状態S_0から励起一重項状態S_1に達した分子は，励起後すぐに振動緩和により過剰のエネルギーを失い，熱的平衡状態に無放射遷移(内部変換)する(図6.1)．この状態から種々の緩和過程と競合して蛍光を発し，基底状態S_0に戻る．蛍光の波長は，吸収した光のエネルギーの一部が，振動や熱のエネルギーとして失われているため，照射光の波長よりも長くなる．また，励起一重項状態S_1より三重項状態T_1状態に無放射遷移(系間交差)した場合，そこから基底状態に戻るときに発する光を，りん光とよぶ．りん光の寿命($\sim 10^{-3}$ s)は，蛍光の寿命($\sim 10^{-8}$ s)より長い．

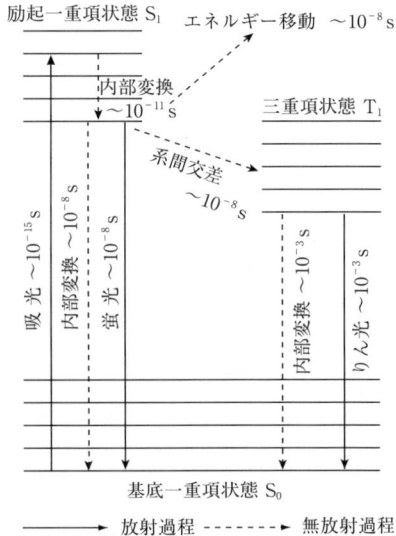

図6.1　蛍光分子の励起および発光と諸過程

6.2 装　　置

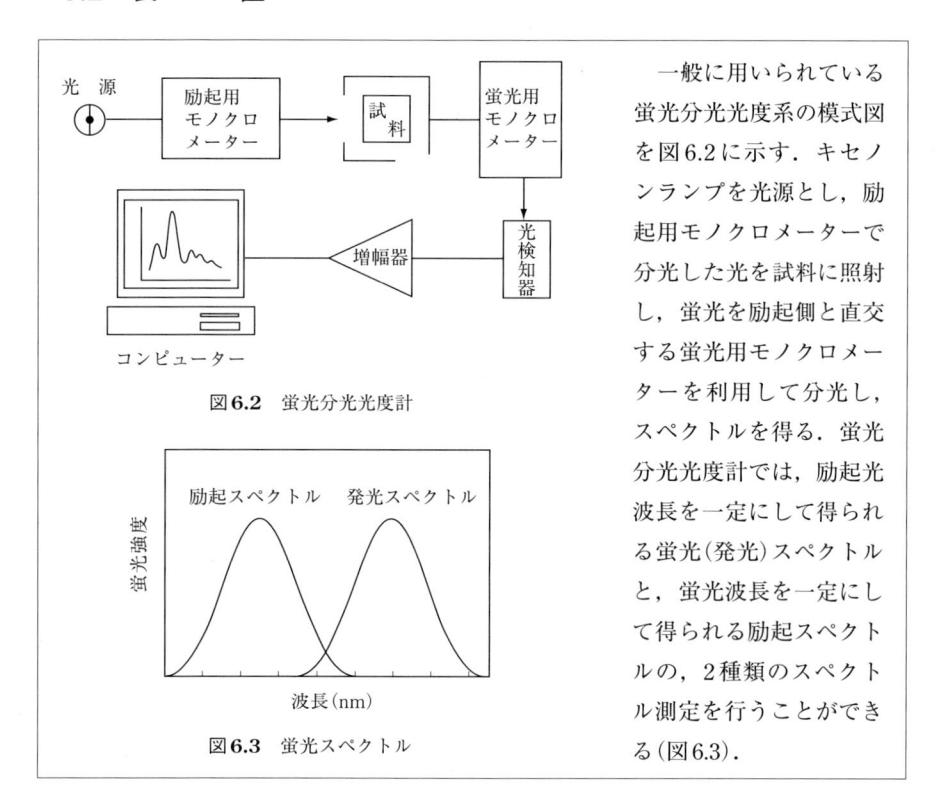

図6.2　蛍光分光光度計

図6.3　蛍光スペクトル

一般に用いられている蛍光分光光度系の模式図を図6.2に示す．キセノンランプを光源とし，励起用モノクロメーターで分光した光を試料に照射し，蛍光を励起側と直交する蛍光用モノクロメーターを利用して分光し，スペクトルを得る．蛍光分光光度計では，励起光波長を一定にして得られる蛍光(発光)スペクトルと，蛍光波長を一定にして得られる励起スペクトルの，2種類のスペクトル測定を行うことができる(図6.3)．

6.3 蛍　光　強　度

　蛍光物質が吸収した光子数に対して，蛍光として放出された光子数との比のことを，蛍光量子収率という．蛍光強度Fは，蛍光量子収率Φと吸収した励起光の強度I_aに比例する．

$$F = I_a \Phi$$

つまり，量子収率が高いほど蛍光を発しやすい．蛍光物質の濃度が低い場合は，蛍光強度は蛍光物質の濃度に比例するが，高濃度では濃度消光が起こったり，蛍光の再吸収の影響が無視できなくなり，濃度と蛍光強度は比例しなくなる．

　代表的な蛍光物質の量子収率を表6.1に示す．未知物質の蛍光量子収率Φは，標準蛍光物質の量子収率Φ^*を用いて求めることができる．

6.3 蛍光強度

表6.1 蛍光化合物と量子収率

化 合 物	溶 液	量子収率（Φ）
フルオレッセン	0.1 M NaOH	0.92
エオシン	0.1 M NaOH	0.19
ローダミンB	エタノール	0.97
ピレン	シクロヘキサン	0.32
アントラセン	エタノール	0.30
ナフタレン	エタノール	0.12
インドール	水	0.45
トリプトファン	水	0.21
チロシン	水	0.20
リボフラビン	水	0.26
硫酸キニーネ	2 M H_2SO_4	0.55
クロロフィルa	エーテル	0.32
クロロフィルb	エーテル	0.12

$$\Phi = \Phi^*(F_t/F_t^*)(A^*/A)$$

F_tは蛍光スペクトルの全面積，Aは光学密度による吸光度，F_t^*およびA^*は標準物質の値である．標準蛍光物質としては，硫酸キニーネの0.5 M硫酸溶液が用いられる．

また，蛍光強度は蛍光物質の周りの環境に敏感である．図6.4に示すように，溶血性のハチ毒ペプチドがリン脂質リポソーム（生体膜モデル）と相互作用した結果，トリプトファン（Trp）残基が疎水的環境に移行し，蛍光強度が増大，蛍光の極大波長が短波長へシフトする．このように，環境の変化に応じた蛍光強度やスペクトルの変化を測定し，生体物質の存在状態や物質間の相互作用を解析することができる．

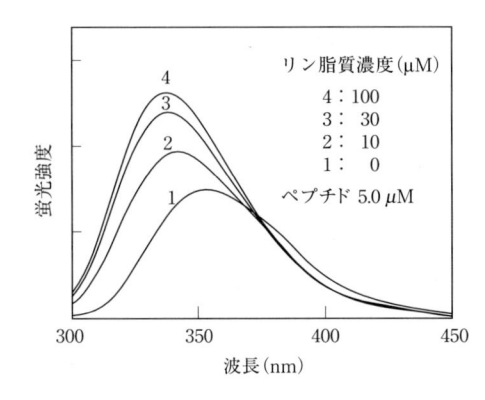

図6.4 スズメバチ溶血毒素ペプチド・マストパランXとリン脂質（卵黄ホスファチジルコリンリポソーム）との相互作用．励起波長λex：280 nm

6.4 蛍光寿命

蛍光寿命測定装置を用いて，パルス光により蛍光分子を励起し，時間分解測光（時間相関単一光子計測）することにより，蛍光寿命(ナノ秒〜ピコ秒単位)の測定を行うことができる．

$$I(t) = \exp(-t/\tau), \quad \tau = 1/k$$

$I(t)$は時間tにおける蛍光強度，τは蛍光寿命，kは蛍光放射の速度定数である．図6.5は，ニワトリ卵白リゾチーム中のTrp残基の蛍光減衰曲線である．解析から曲線は3.16 ns，1.31 ns，0.38 nsの3寿命成分の和として表され，少なくとも3種類の状態のTrp残基があることを示している．

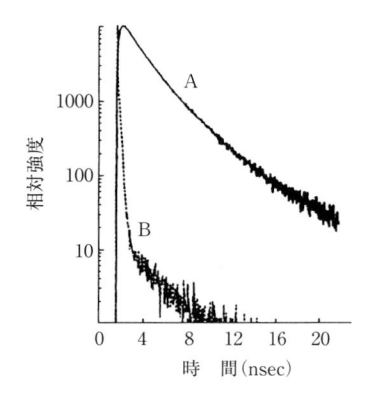

図6.5 ニワトリ卵白リゾチームの蛍光寿命測定．A：リゾチームの蛍光減衰曲線，B：励起光パルスの曲線，λex：295 nm［山崎信行，山下昭二，日本生化学会編，新生化学実験講座，20巻，機器分析概論，p.117，東京化学同人(1993)］

6.5 蛍光異方性

タンパク質や核酸などの高分子に結合した蛍光分子の測定で，励起光側と発光側の光路に偏光板を挿入して偏光測定を行うことで，蛍光の異方性を測定することができ

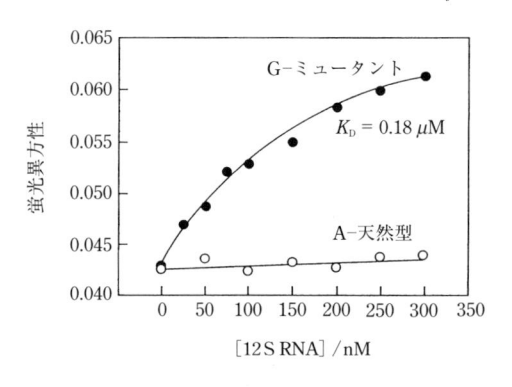

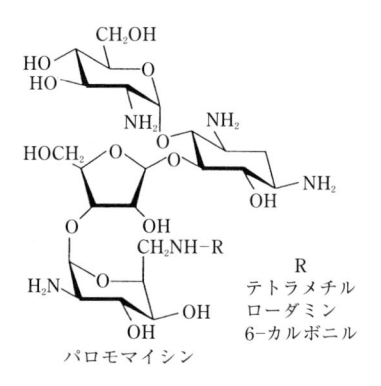

図6.6 蛍光異方性．テトラメチルローダミンで蛍光標識したアミノグリコシド系抗生物質パロモマイシンの12S rRNAへの結合挙動の測定．励起波長λex：550 nm，検出波長λem：580 nm
［K. Hamasaki, R. Rando, *Biochemistry*, **36**, 12323(1997), ©ACS］

る．鉛直方向に偏光させた励起光により分子を励起し，発光の鉛直偏光成分I_Vと水平偏光成分I_Hをはかり，蛍光異方性rを測定する．

$$r = (I_V - I_H) / (I_V + 2I_H)$$

蛍光強度や波長の変化が少ない測定系には，異方性の利用が有効な場合がある．図

表6.2　各種蛍光化合物の構造

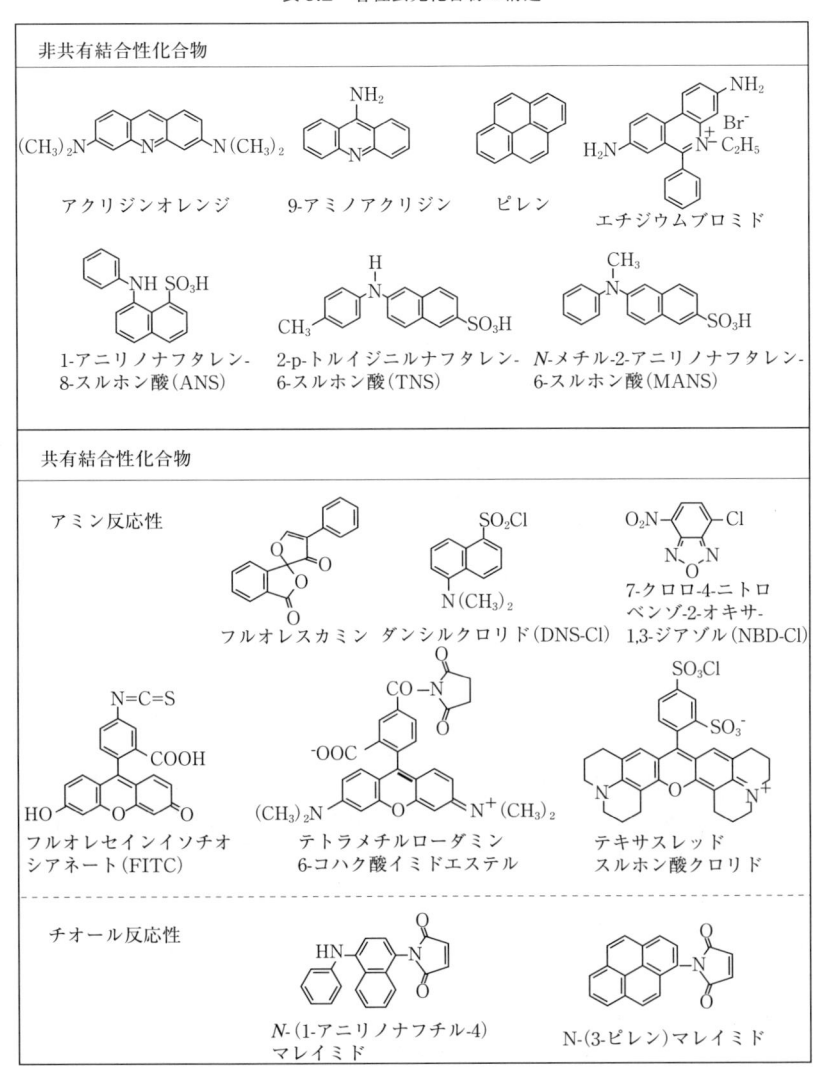

非共有結合性化合物			
アクリジンオレンジ	9-アミノアクリジン	ピレン	エチジウムブロミド
1-アニリノナフタレン-8-スルホン酸(ANS)	2-p-トルイジニルナフタレン-6-スルホン酸(TNS)	N-メチル-2-アニリノナフタレン-6-スルホン酸(MANS)	

共有結合性化合物			
アミン反応性			
フルオレスカミン	ダンシルクロリド(DNS-Cl)	7-クロロ-4-ニトロベンゾ-2-オキサ-1,3-ジアゾル(NBD-Cl)	
フルオレセインイソチオシアネート(FITC)	テトラメチルローダミン6-コハク酸イミドエステル	テキサスレッドスルホン酸クロリド	
チオール反応性			
N-(1-アニリノナフチル-4)マレイミド	N-(3-ピレン)マレイミド		

6.6では，蛍光異方性測定を利用して，テトラメチルローダミン（表6.2）で蛍光標識したアミノグリコシド系抗生物質パロモマイシンの12S rRNAへの結合挙動の解析を行っている．rRNAの1ヌクレオチドA→G変異により，パロモマイシンの結合性が大きく増加することがわかる．

6.6 蛍光消光法

蛍光物質の蛍光強度は，他物質との相互作用により著しく減少することがある．この現象を蛍光消光といい，消光作用を起こす物質を消光剤という．消光剤（Q）存在下（F）と非存在下（F_0）での蛍光強度の比は，スターン・ボルマー(Stern-Volmer)の式として表される．

$$F_0/F = 1 + K_q[Q]$$

K_qはスターン・ボルマー定数とよばれる．K_qは蛍光物質と消光剤との反応のしやすさの度合いであり，生体高分子内の蛍光基の存在している微視的環境やその変化を探ることができる．I^-，NO_3^-，Cs^+などはイオン性の消光剤で，おもにタンパク質表面のTrpを消光するのに対し，アクリルアミドや酸素分子，コハク酸イミドなどは非選択的な消光剤である．図6.7は消光実験によりレクチンタンパク質中のTrp残基の存在状態を解析した例で，スターン・ボルマーの式を変換した下式を適用した結果，22個のTrp中，KIでは5残基，アクリルアミドでは8残基のTrpが消光されていることがわかる．

$$F/F - F_0 = 1/f_a \cdot K_q[Q] + 1/f_a$$

ここで，f_aは全Trp残基のうち消光作用を受ける残基の割合である．

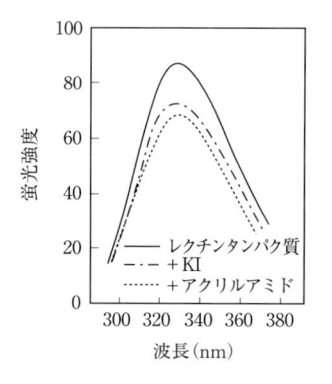

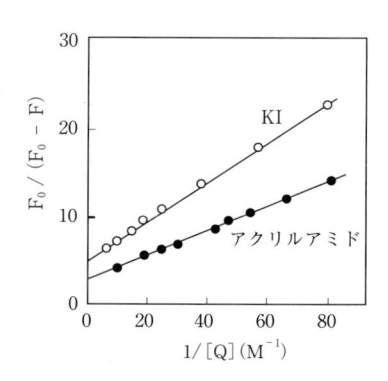

図6.7 蛍光消光法．レクチンタンパク質（ヒマ種子ヘムアグルチニン）中のTrp蛍光の消光剤による消光実験．（左）消光剤によるスペクトル変化．タンパク質：0.5 μM，KI：0.12 M，アクリルアミド：0.13 M，λex：295 nm．（右）蛍光強度の消光剤濃度依存性

消光法でもう1つ有用な方法として，励起エネルギー移動を利用する方法がある．解析により2分子間の距離を求めたり，タンパク質立体構造や生体膜の状態変化など生体高分子の構造解析に応用されている．図6.8は，蛍光エネルギー移動を利用してリン脂質膜の融合測定を行った例である．NBDホスファチジルエタノールアミンとローダミンホスファチジルエタノールアミンを，各1%含有する2種類のホスファチジルコリンリポソームを混合する．リン脂質二分子膜が融合すると蛍光エネルギー移動が起こり，エネルギー移動の効率から脂質二分子膜の融合の度合いを測定できる．

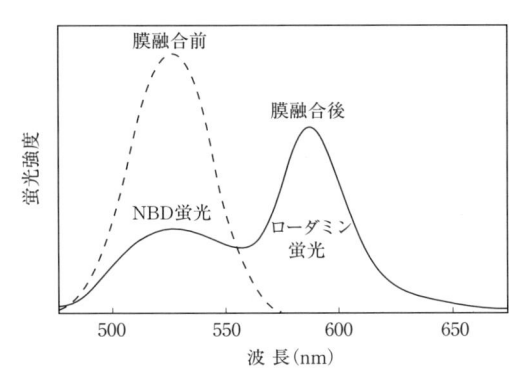

図6.8 NBDからローダミンへの蛍光エネルギー移動を利用したリン脂質膜融合の測定．λex 450 nmでNBDを励起

6.7 蛍光トレーサー・プローブ法

生命科学分野でもっとも頻繁に利用される蛍光法として，蛍光の高感度検出能を利用したトレーサー法や，分子の状態に応じたスペクトルの変化を指標とするプローブ法がある．表6.2にトレーサーやプローブとして利用される各種蛍光化合物を示した．

1) トレーサー法

蛍光の検出感度はナノ〜ピコモルオーダーにも及ぶ．蛍光の高感度検出能を利用

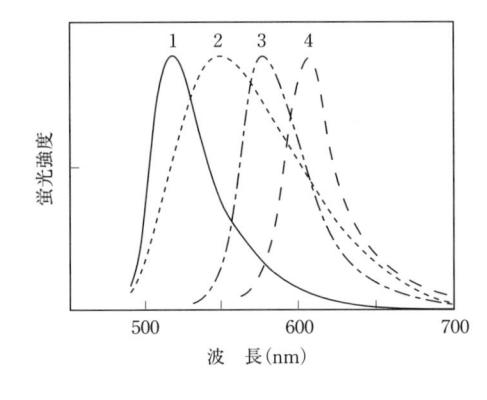

図6.9 DNAシークエンサーに用いられる色素の蛍光スペクトル．1：フルオレセイン，2：NBD，3：テトラメチルローダミン，4：テキサスレッド．色素の構造は表6.2参照

し，電気泳動やクロマトグラフィーをはじめ微量物質の検出や定量に，蛍光物質がトレーサーとしてひんぱんに用いられる．図6.9にDNAシークエンサーに利用されている各種の蛍光色素のスペクトルを示す．また，蛍光物質を結合させた抗体を用いて，細胞内の特定成分を蛍光標識する方法も数多く開発されている．さらに，蛍光標識した細胞内物質の配置や集合状態などを直接顕微鏡観察することもでき，生体膜中や細胞内の物質輸送現象の解析などにも有効である．図6.10に，FITC（表6.2参照）標識したオリゴDNAの細胞内導入に関する実験結果を示す．

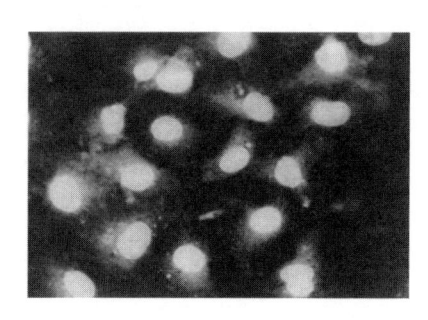

図6.10 合成ペプチドを用いて細胞内導入されたFITC-DNAの細胞核内局在化．蛍光顕微鏡写真（白く光っているのが核内のFITC-DNA）
［新留琢郎，青柳東彦氏（長崎大学工学部）提供］

2) プローブ法

励起・発光スペクトル，蛍光強度（量子収率），蛍光異方性，蛍光寿命などの蛍光パラメーターを利用して，タンパク質や核酸など生体分子の構造・状態解析や細胞内のカルシウムイオン濃度，pH，細胞膜電位などの細胞の状態解析，さらにはそれらの時間変化やタンパク質-核酸相互作用など生体高分子間の反応解析まで，種々の蛍光

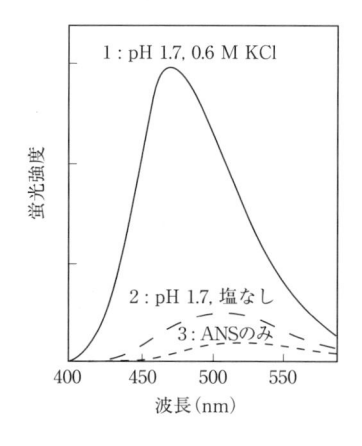

図6.11 疎水性プローブANSを用いたタンパク質の変性状態解析．β-ラクタマーゼは酸による変性状態ではANSをほとんど結合しない(2)が，0.6 M KClを添加すると天然状態に近い構造をとり，ANSを強く結合する(1)．β-ラクタマーゼ：1 μM，ANS：20 μM，λ ex：400 nm
［Y. Goto, A. L. Fink, *Biochemistry*, **28**, 945(1989), ©ACS］

6.7 蛍光トレーサー・プローブ法

プローブ実験が報告されている．それぞれの解析に適した蛍光プローブ分子を選択することが必要である．図6.6の抗生物質とRNAの相互作用実験も蛍光プローブ法応用の一例である．図6.11には，代表的な疎水性プローブであるANS（表6.2参照）を用いた天然と変性タンパク質の構造比較実験を示す．また，図6.12には蛍光指示薬を利用した細胞内カルシウムイオン濃度の測定原理を示す．電気泳動（3章）や核酸の塩基配列決定（16.2節），細胞染色（16.4節）などへの応用は，該当部分を参照されたい．

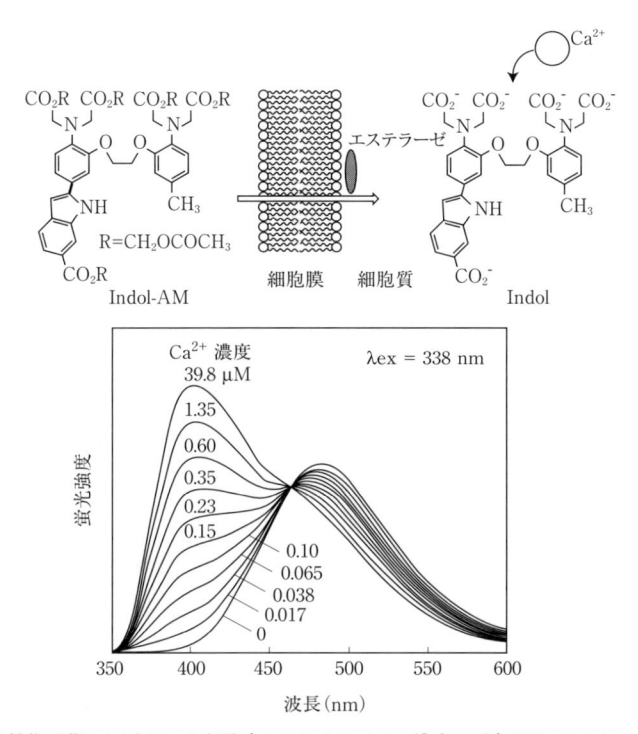

図6.12 蛍光性指示薬Indolを用いた細胞内カルシウムイオン濃度の測定原理．アセトキシメチル（AM）化したIndolは，疎水性が高いため，細胞に取り込まれたのち，エステラーゼにより加水分解され，水溶性の活性型Indolとなる

蛍光分子の高感度性や取り扱いの容易さから，生体高分子や細胞の状態解析への蛍光分光法の応用の道は非常に広がってきた．蛍光法を適用することにより，化学から生物まで幅の広い研究展開が可能である．各蛍光分析法の詳細な原理や種々の応用例については，専門の成書や原著論文を参照し，より深く理解することをすすめる．

7章　円二色性スペクトロメトリー

　円二色性スペクトロメトリー(circular dichroism spectrometry, 円二色性分光法)は，タンパク質や核酸の立体構造研究において重要な情報を与える測定方法の1つである．また，小分子生体物質のキラリティーを決定する手段にも用いられる．

7.1　原　　　理

　直線偏光は，入射光に向かって左および右回りに回転する振幅・振動数の等しい，左円偏光および右円偏光の合成されたものである．この直線偏光が光学活性な物質を通過するとき左・右円偏光の吸光係数が異なるため，それぞれの物質中を透過する速度が異なる．この透過速度が異なる現象を旋光性といい，吸光度が異なる現象を円二色性(circular dichroism, CD)という(図7.1)．CDは左・右円偏光に対する分子吸光係数(ε_L, ε_R)を用いて，$\Delta\varepsilon = \varepsilon_L - \varepsilon_R$で表す．また，左・右円偏光に対する吸光度が異なるため，円偏光の振幅にも差が生じ，透過光は楕円

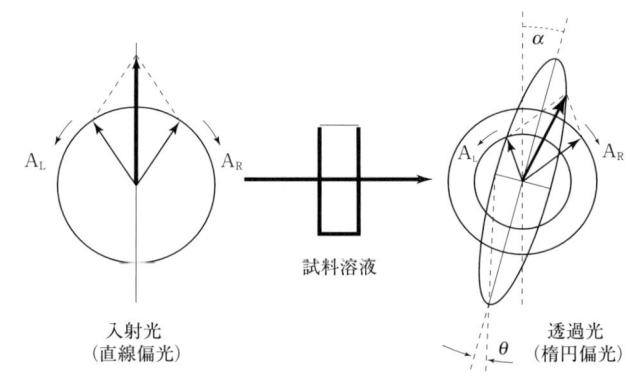

図7.1　同二色性．直線偏光の入射光が光学活性物質を通過し，楕円偏光となる

偏光になる．CDの大きさは，楕円の短軸・長軸の比で定義される角度 θ（楕円率，ellipticity）でも表す．次式のモル楕円率 $[\theta]$（molar ellipticity）

$$[\theta] = 100\theta/cl$$

を通常使用する．c は試料のモル濃度（mol/cm^3），l は光路長（cm），$[\theta]$ の単位は deg・cm^2/dmol である．$[\theta]$ および $\Delta\varepsilon$ の値は，正または負の符号をつけて表し，それぞれ正のコットン効果，負のコットン効果ともいう（図7.2）．

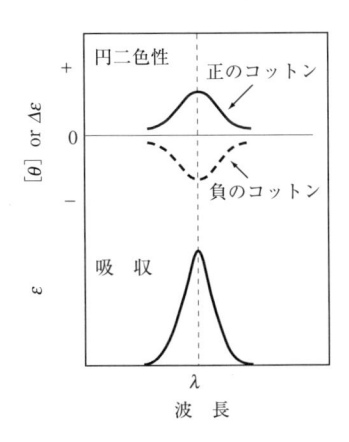

図7.2 吸収スペクトルに対応した円二色性スペクトル．正または負の符号をつけてモル楕円率 $[\theta]$ または分子吸光係数の差 $\Delta\varepsilon$ で表す

7.2 装　　置

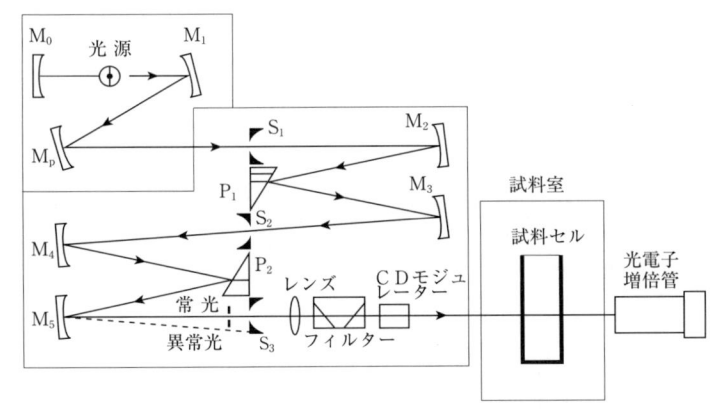

図7.3 日本分光J-720型円二色性分散計の光学系模式図
　　　　［日本分光J-720型円二色分散計取扱説明書より引用］

図7.3に,日本分光製円二色性分散計J-720型の光学系模式図を示す.キセノンランプからの光は,プリズムP_1とP_2からなる2つのモノクロメーターを通過し,水平方向に振動する直線偏光となる.直線偏光はCDモジュレーターにより左右の円偏光に変調される.試料を透過した左右円偏光の強度比に対応したパラメーターから,[θ]を求める.

CDスペクトルは,測定が容易でかつ短時間で行えること,装置の再現性がよく,比較的低濃度(μMオーダー)の試料で測定が可能などの特徴を有し,タンパク質の全体的な二次構造の解析や,DNAの立体構造変化の追跡などに有用である.

7.3 タンパク質の円二色性スペクトル

CDスペクトルは,タンパク質の二次・三次構造の解析にひんぱんに用いられる.ポリペプチド鎖の主鎖二次構造であるαヘリックス構造,βシート構造やランダムコイル(不規則)構造は,遠紫外部(180〜250 nm)に,それぞれ特徴的なCDスペクトルを与える(図7.4).また,モデルペプチド化合物を用いて,βターン構造に特徴的なCDスペクトルも提出されている(図7.5).これら各二次構造のCDスペクトルには加

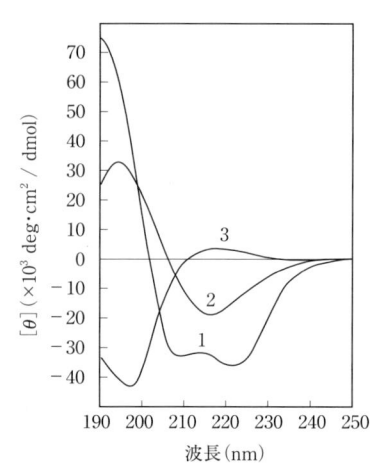

図7.4 タンパク質二次構造の円二色性スペクトル.1:ポリ-L-リシンのαヘリックス構造,2:βシート構造,3:不規則構造のスペクトル
[N. Greenfield, G. D. Fasman, *Biochemistry*, **8**, 4108(1969), ©ACS]

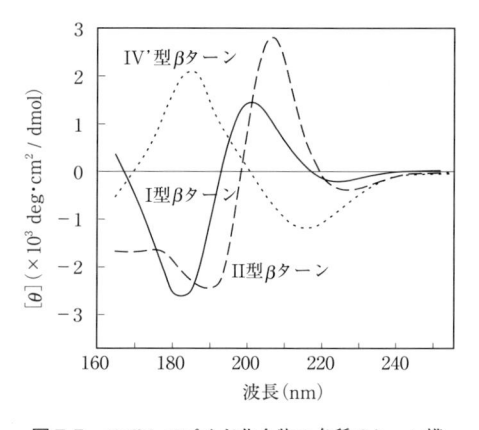

図7.5 モデルペプチド化合物の各種βターン構造の円二色性スペクトル.I型:アセチル-L-Pro-Gly-L-Leuのトリフルオロエタノール溶液,II型:ポリ(L-Ala-L-Ala-Gly-Gly)$_n$の水溶液,IV'型:シクロ(-L-Ala-L-Ala-D-Ala-D-Ala-L-Ala-D-Ala-)の重水溶液
[S. Brahms, J. Brahms, *J. Mol. Biol.*, **138**, 149(1980)]

7.3 タンパク質の円二色性スペクトル

表7.1 円二色性スペクトルによるタンパク質二次構造の推定

タンパク質	二次構造の割合(%)			
	αヘリックス	βシート	βターン	不規則構造
ミオグロビン	80	0	2	18
	(79)	(0)	(5)	(16)
リゾチーム	32	29	8	31
	(41)	(16)	(23)	(20)
シトクロームc	44	0	28	28
	(39)	(0)	(24)	(37)
リボヌクレアーゼA	21	39	10	30
	(23)	(40)	(13)	(24)
パパイン	29	0	15	56
	(28)	(14)	(17)	(41)
α-キモトリプシン	5	53	2	40
	(9)	(34)	(34)	(23)

( )内の値は，各タンパク質のX線結晶解析による成分%
[J. T. Yang, C.-S. C. Wu, H. M. Martines, *Methods in Enzymol.*, **130**, 208 (1986)]

算性があり，測定されたCDスペクトルを，各二次構造の基本スペクトルを用いて最小2乗法により解析し，二次構造成分の割合を推定する方法が種々報告されている（表7.1）．

ただし，解析結果の妥当性には十分に注意を払う必要がある．図7.6に，L体アミノ酸あるいはD体アミノ酸から化学合成された，酵素タンパク質のCDスペクトルを示す．D体タンパク質はL体のタンパク質と鏡像関係にあり，強度が等しく正負の符号が逆転したスペクトルを与える．

タンパク質の場合，チロシンやトリプトファンのアミノ酸側鎖の発色団に起因した

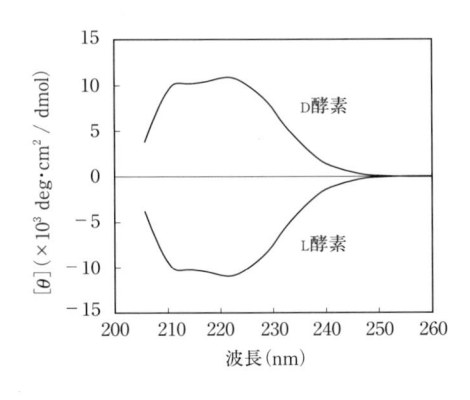

図7.6 L体アミノ酸からなる通常のタンパク質とD体アミノ酸を用いた化学合成タンパク質の円二色性スペクトル．タンパク質：オキザロクロトン酸互変異性化酵素（62アミノ酸×四量体）
[M.C. Fitzgerald, I. Chernushevich, K. G. Standing, S. B. H. Kent, C. P. Whitman, *J. Am. Chem. Soc.*, **117**, 11075 (1995), ©ACS]

7章 円二色性スペクトロメトリー

近紫外部(280 nm付近)のCDスペクトルが得られる．このスペクトル変化を測定することにより，タンパク質の三次構造の変化が解析可能となる(図7.7)．またヘムや金属錯体を活性中心に有するタンパク質の場合，それら金属錯体の誘起CDが，それぞれの吸収帯に観測され，立体構造の変化の追跡に利用可能である(図7.8)．

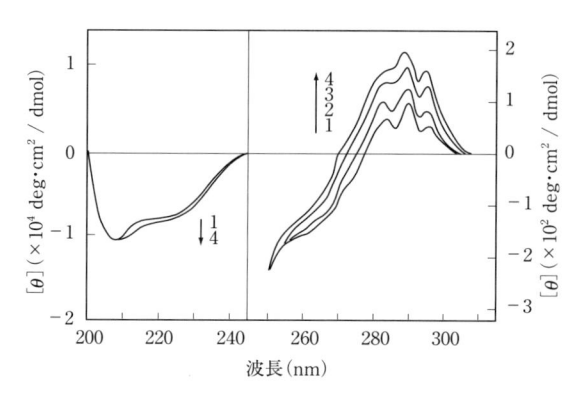

図7.7 ニワトリリゾチームの尿素添加による変性実験．1：0 M，2：1 M，3：4 M，4：8 M尿素存在下での円二色性スペクトル．二次構造はほとんど変化がない(アミド領域のスペクトル・左)が，三次構造が変化している(Trpのスペクトル・右)
[N. Shimaki, K. Ikeda, K. Hamaguchi, *J. Biochem.*, **70**, 497 (1971)]

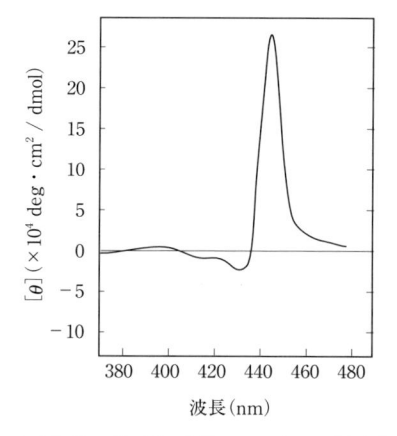

図7.8 シトクロムcオキシダーゼの円二色性スペクトル．還元型ヘムFe(II)-タンパク質
[Y. P. Myer, *J. Biol. Chem.*, **246**, 1241 (1971)]

7.4 核酸の円二色性スペクトル

核酸塩基は，260 nm付近に強い吸収帯を有し，核酸の立体構造に依存したCDスペクトルを示す．図7.9にA型，B型，Z型のDNAやRNAのCDスペクトルの典型的な例を示す．通常のB型核酸は270〜280 nmに正，240〜245 nmに負のCDスペクトルを示し，A型は290 nmに正のCDを示す．また，Z型は290 nmに負，260〜270 nmに正のCDを示す．これらのCDスペクトルの特徴を核酸の立体構造変化の追跡に用いることはできるが，たとえば同じB型DNAにおいても，塩基配列によって異なったCDスペクトルを示すので，注意を要する．

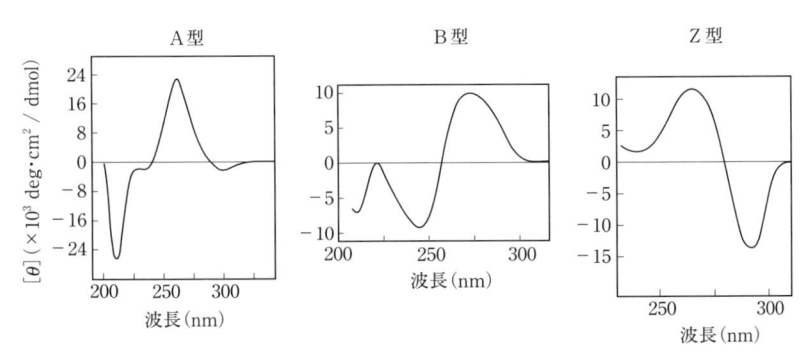

図7.9 DNA，RNAのA型，B型，Z型の円二色性スペクトル．A型：イネ萎縮病ウイルスの二本鎖RNA [T. Samejima, H. Hashizume, K. Imahori, I. Fujii, K. -I. Miura, *J. Mol. Biol.*, **34**, 39 (1968)]，B型：大腸菌のDNA [F. S. Allen, D. M. Gray, G. P. Roberts, I. Tinoco, Jr., *Biopolymers*, **11**, 853 (1972)]，Z型：ポリ(dG - dC)の高イオン強度水溶液 [F. M. Pohl, T. M. Jovin, *J. Mol. Biol.*, **67**, 375 (1972)]

7.5 小分子の立体配置の決定

光学活性な有機化合物や金属錯体化合物の立体配置の決定や推定にも，CD分光法は有用である．絶対配置の決定している既知化合物や構造が類似した化合物のCDスペクトルとの比較から，光学活性物質の相対あるいは絶対配置の決定や推定を行うことができる．例として図7.10に，メチル-α-L-アラビノースとメチル-α-D-マンノースのトリス(*p*-クロロ安息香酸)誘導体のCDスペクトルを示す．2種の糖誘導体の2位および4位炭素での立体配置の違いにより，クロロ安息香酸の吸収帯に正・負符号のまったく異なったCDスペクトルが得られる．また，適当な発色団を有しない光学

活性化合物の立体配置の決定においても，活性吸収帯を有する発色団を官能基に導入して測定する方法(励起子キラリティー法)がある(図7.11)．図7.11のCDスペクトルでは，320 nmに正，295 nmに負のコットン効果が観測されている．これは，本ステロイド化合物の2,3位に修飾したジアミノ安息香酸基間の相互作用による励起子分裂スペクトルである．この長波長側から正・負に分裂したスペクトルは，2つの発色団の立体的な位置関係が右ねじれの関係にあることを示し，2,3位炭素の立体配置と一致している．左ねじれの場合は，長波長側から負・正の分裂型スペクトルを与える．

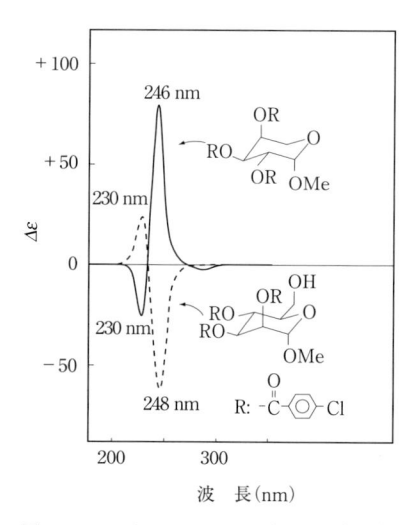

図7.10 メチル-α-L-アラビノース(──)とメチル-α-D-マンノース(---)のトリス(p-クロロ安息香酸)誘導体の円二色性スペクトル
[N. Harada, S.-M. L. Chen, K. Nakanishi, *J. Am. Chem. Soc.*, **97**, 5345 (1975), ©ACS]

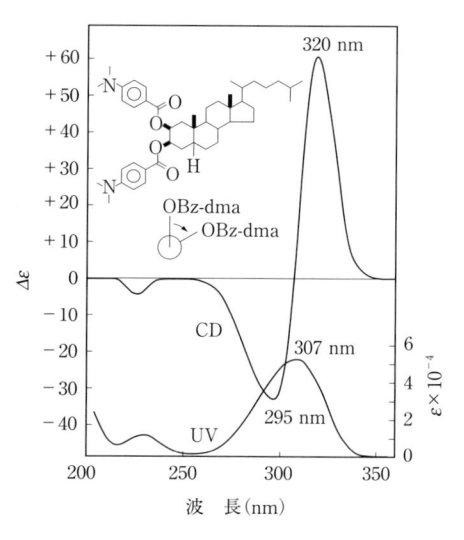

図7.11 2,3位の水酸基をジメチルアミノ安息香酸で修飾したステロイド(5α-コレスタン-2β,3β-ジオール)の紫外吸収と円二色性スペクトル
[N. Harada, K. Nakanishi, *Acc. Chem. Res.*, **5**, 257 (1972), ©ACS]

円二色性スペクトロメトリーは，生体高分子の立体構造やその変化を測定するためのもっとも簡便な測定方法の1つである．バイオ系への種々の応用例があり，理論的にも確立している．今後も，CDスペクトルの特徴をいかした幅広い応用が期待される測定方法である．

8章　電子スピン共鳴吸収(ESR)

ESR(electron spin resonance)は，電子スピン共鳴とよばれる分光法である．ESRは，不対電子を有する化学種(常磁性種)を検出し，その電子構造や運動状態に関する情報を与えてくれる磁気共鳴法である．

8.1　ESR測定の対象となる化学種

不対電子をもつ物質，すなわち常磁性物質が対象となる．たとえば，金属ナトリウム，カリウムなどアルカリ金属は最外殻に1個の電子が入っており，このように不対電子をもっている化学種はESRの対象となる．しかし，プラスイオンになると最外殻は閉殻となり，不対電子が存在しないのでESR不活性である．遷移金属元素は満たされていない内側電子殻をもっているので，イオンの価数によって常磁性になったり反磁性になったりする．たとえばCu^{2+}は常磁性であるが，Cu^+は反磁性である．

NO，NO_2などは，奇数個の電子をもつので不対電子がかならず存在し，ESRの対象化合物である．その他，有機ラジカル，電荷移動錯体，半導体などもESR活性である．

不対電子をもたない通常の分子はESR不活性なので，これらの分子が存在してもESR活性な化学種だけを抽出して測定することができる．

8.2　ESRの原理

棒磁石の性質は磁気モーメントμにより表される．棒磁石を磁場の中においたとき磁石のエネルギーは，

$$E = -\mu H = -\mu H\cos\theta = -\mu_z H$$

となる．ただし，μは磁気モーメントの大きさ，μ_zはμのH方向の成分，Hは磁場の強さであり，θは磁場と磁気モーメントがなす角である．

電子(自由電子)も磁気モーメントをもっており，これは，電子のスピン角運動量に

8章 電子スピン共鳴吸収

由来する．したがって，磁場の中におかれた電子のエネルギーは上式によって表されるが，棒磁石と異なる点は，μ_zの値として$\pm m (m = \frac{\mu}{\sqrt{3}})$の2つの値しか許されないことである．磁気モーメントが磁場の方向に量子化されるため，このように磁場の方向に対して磁気モーメントの方向が特定の方向のみしか許されない．

磁場のないときは電子の磁気モーメントのZ成分の向きはでたらめであるが，磁場の中では磁場の方向に配向し，平行か反平行かのいずれかとなる(図8.1)．磁気モーメントのZ成分が磁場と平行な向きの電子のエネルギーは低く，反平行な向きの電子のエネルギーは高い．

このように，電子を磁場の中におくと，2つのエネルギー準位に分裂する．これをゼーマン(Zeeman)分裂という．ゼーマン分裂の大きさ(2つの準位のエネルギー差)ΔEは，$\Delta E = 2\,mH$ である(図8.2)．

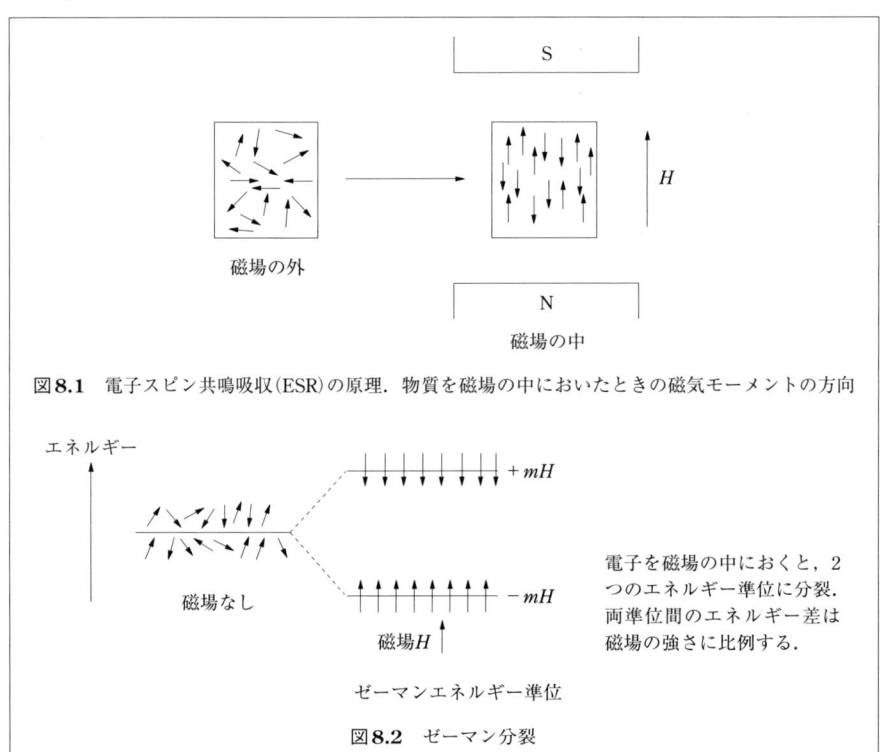

図8.1 電子スピン共鳴吸収(ESR)の原理．物質を磁場の中においたときの磁気モーメントの方向

電子を磁場の中におくと，2つのエネルギー準位に分裂．両準位間のエネルギー差は磁場の強さに比例する．

図8.2 ゼーマン分裂

2つのエネルギー準位のエネルギー差 ΔE に等しいエネルギーの電磁波が入射すると，各準位にある電子の状態間の遷移が起きる．すなわち，遷移をひき起こす電磁波の振動数 ν（共鳴振動数）は，

$$h\nu = \Delta E = 2mH = g\beta H$$

という関係（共鳴条件）を満足しなければならない．h, β はそれぞれプランク定数，ボーア磁子で物理学上の基礎定数である．g も試料中の電子スピンの環境によって決まる定数である．したがって，周波数 ν および磁場の強さ H が実験上の変数である．通常，周波数を一定にして，磁場の強さを変えて吸収スペクトルを測定する．

この式より，330 mT の磁場の中では $\nu = 9.24 \times 10^9$ Hz（波長 $\lambda = 3.2$ cm）となり，これはマイクロ波領域の電磁波である．

それぞれのエネルギー準位にある電子の個数の比は，熱平衡状態において，ボルツマン（Bolzmann）の分布則により，

$$N_2/N_1 = \exp(-\Delta E/kT) = \exp(-2mH/kT)$$

である．電子の磁気モーメントのZ成分の大きさは $m = 9.28 \times 10^{-24}$ J/T であるから，$H = 330$ mT のとき，$\Delta E = 2mH = 6.12 \times 10^{-24}$ J であり，したがって，20℃のとき $N_2/N_1 = 0.99849$ となる．すなわち電子が1,000個あるとき，下の準位と上の準位にある数の差は小さく，たかだか1個か2個である．

下から上への遷移に伴って電磁波の吸収が，上から下への遷移に伴って電磁波の放出（誘導放出）が起こる．1個の電子について遷移が起こる確率はいずれの向きでも同じで，これを W とすれば，下から上への遷移の速度は WN_1 であり，上から下へは WN_2 である．$N_1 < N_2$ であるから，正味では電磁波の吸収が起こる．これがESRである．

ESR吸収強度はラジカル量，電磁波の強さの2乗，電磁波の振動数の2乗に比例し，温度（絶対温度）に反比例する．

8.3 ESRの装置

図8.3のように，ESR装置はマイクロ波発振器，電磁石，試料室，マイクロ波検出器，ロックイン増幅器，記録計からなる．マイクロ波発振器から出るマイクロ波は，振動数が一定の単色光である．試料で吸収されることなく通り抜けたマイクロ波出力は，検出器で検出され電気信号に変換されたのち，増幅器で増幅されて記録計の上に表示される．記録計の横軸の掃引と同期させて電磁波に流す電流の大きさを変化させることにより，磁場の大きさを直線的に変化させる．共鳴条件を満足する磁場のところで共鳴吸収が起こり，検出されるマイクロ波出力（マイクロ波の透過量）が小さくな

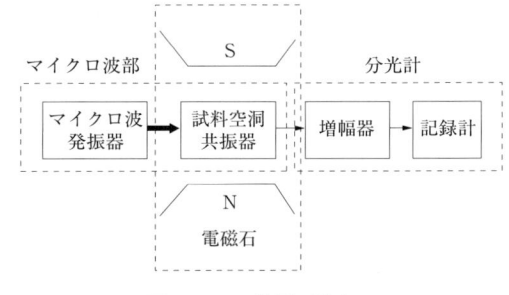

る．すなわちESRは横軸が磁場，縦軸がマイクロ波透過量を表す．ESR装置は，用いるマイクロ波の周波数帯域によりXバンド，Lバンド，Kバンド，Qバンドに分類される．Xバンド(マイクロ波周波数約9.5 GH$_z$)の装置がもっとも一般的である．

図8.3 ESR装置の概略

8.4　ESRの測定例

　ESRを測定することによって不対電子の存在，不対電子の量，種類，性質，周囲の環境，挙動などについての情報が得られる．直接スペクトル上に表れるものは，電子と核との相互作用の結果である超微細構造，共鳴線の位置を示すg値，緩和時間と関係している線幅，それに不対電子の数を示す信号の大きさがある．

　超微細構造は，電子と核との磁気的な相互作用によって生じる．前述の電子スピンと同様に，原子核もまた磁気的性質(核スピン)をもっている．電子スピンは磁場(外部磁場)の中で2とおりの向き，すなわち2つのエネルギー準位に分裂するが，核スピンのつくる磁場によっても，その大きさに応じていくつかのエネルギー準位に分裂する．これが超微細分裂であり，これに対応した共鳴線の構造を超微細構造(hyperfine structure, hfs)という．ゼーマン分裂を起こす外部磁場に対し，核スピンのつくる磁場は内部磁場とよばれる．超微細構造は原子核との相互作用であるので，フリーラジカルの構造を解析するためにもっとも重要な情報である．以下に簡単なフリーラジカルの例を示す．

1）メチンラジカル

　図8.4に示すように，メチンラジカルのスペクトルは1：1の2本線で，分裂の大きさはR_1，R_2によって異なる．不対電子は炭素の2p軌道に入り，1個のプロトンと相互作用している．水素原子核は核スピン $I = 1/2$ をもっていて，電子スピンのつくる磁場の中で $M_1 = +$ と $M_1 = -$ の2とおりに分裂する．したがって，電子スピンのエネルギー準位はゼーマン分裂で2つに分かれたものが，さらに各準位が超微細分裂で2つに分かれ，合計4つの準位に分かれる．ESR遷移はこのうち同じ核スピンをもつ準位間でのみ起こるので(許容遷移)，超微細構造は2本観測される．

2) ニトロキシルラジカル

従来,生体試料など水分の多い試料はマイクロ波を吸収するため,ESR測定が困難であった.最近になってLバンド領域などの低周波領域のマイクロ波を用いた in vivo ESRが開発され,マウスやラットなどを用いて,生体内のフリーラジカルを動物を傷つけることなく測定することが可能となった.

ここでは in vivo ESRを用い,生体に投与されたスピンプローブを測定することにより,酸化的ストレスの測定例を示す.生体に放射線が照射されると,OH,O_2^-,H_2O_2などの活性酸素種が生成する.つまり,放射線照射は生体にとって酸化的ストレスであると考えられている.そこで,ニトロキシルラジカルを生体に投与し,放射線照射によるニトロキシルラジカル消失速度への影響が検討されている.マウスにスピンプローブとして2,2,5,5-テトラメチルピロリジン-N-オキシルを投与したときのマウス上腹部のESR吸収を図8.5に示す.ニトロキシルラジカルは窒素核により3本に分裂することがわかる.このシグナル強度が,経時的に減少することが観測されている.このように,ニトロキシルラジカルの消失速度をプローブとした in vivo ESR測定法は,放射線障害の引き金である酸化的ストレスを評価する方法として,有効な手段と考えられている.

図8.4 ESRの測定例

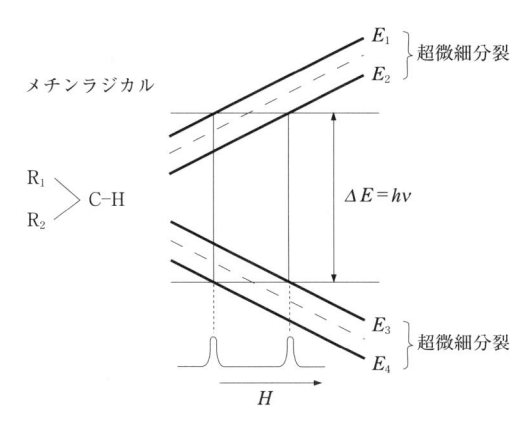

- - : ゼーマン分裂, ―― : 超微細分裂

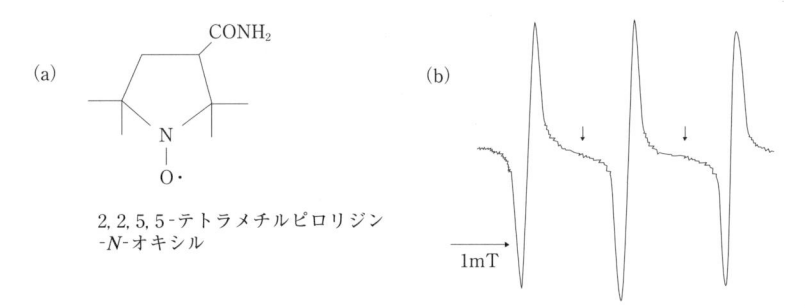

図8.5 ニトロキシルラジカル(a),マウス上腹部(b)のESRスペクトル

9章　核磁気共鳴

5年から10年間で，これほど進歩する分光学的手段も珍しい．核磁気共鳴(nuclear magnetic resonance，NMR)分光法とは，そのような日進月歩の発展をしている化合物の構造解析に不可欠の手段である．いまや有機化学・物理化学・生物化学などの基礎学問はもとより，材料評価，生体非破壊分析，あるいは臨床医療診断など，きわめて広範囲にわたって応用されている．

9.1　核磁気共鳴現象

1) 磁場の中の核

核スピン角運動量(核スピンともいう，I)がゼロでない核種(原子番号，質量数のいずれかが奇数)が電荷をもつ回転粒子として運動すると，みずから小さな磁石としてふるまう．小さな磁石は，磁場の中(外部磁場とよぶ)では外部磁場(H_o)との相互作用の結果，その核種の核スピンIの値によって決まる一定の配向(ゼーマン分裂)をとる．可能な配向の数は $2I+1$ で量子化されている．^{1}Hや^{13}Cは $I=1/2$ なので $2I+1=2$ となり，2つの配向をとる．この2つの配向のエネルギー準位(ゼーマン準位，低いα準位と高いβ準位)の差ΔEは，核磁気モーメント(μ)とH_oに比例する($\Delta E = 2\mu H_o = h\gamma H_o/2\pi$)．

室温，$H_o = 14{,}000$ G(ガウス) $= 1.4$ T(テスラ)の場合について，ボルツマン(Boltzmann)分布則に基づいたα過剰率とΔEを^{1}Hについて計算をすると，以下のようになる．

$$n_\beta/n_\alpha = \exp(-\Delta E/kT) = \exp(-h\gamma H_o/2\pi kT) = \exp(-2\mu H_o/kT)$$

$$(n_\alpha - n_\beta)/n_\alpha = 2\mu H_o/kT = 1 \times 10^{-5}$$

$$\Delta E = N_A \times h\gamma H_o/2\pi = (6.022 \times 10^{23})(6.6256 \times 10^{-34})(2.6752 \times 10^8)(1.4)/(2 \times 3.1415)$$

$$= 23.78 \times 10^{-3} \text{ J/mol} = 5.68 \text{ mcal/mol}$$

したがって，熱平衡状態ではαレベルに存在する核がわずかに過剰である．ΔEは

9.1 核磁気共鳴現象

$\mu = (h\gamma/2\pi) \cdot I$
$(I = 1/2)$

ゼーマン分裂

$\Delta E = h\nu = h\gamma H_0/2\pi$
$= 2\mu H_0$

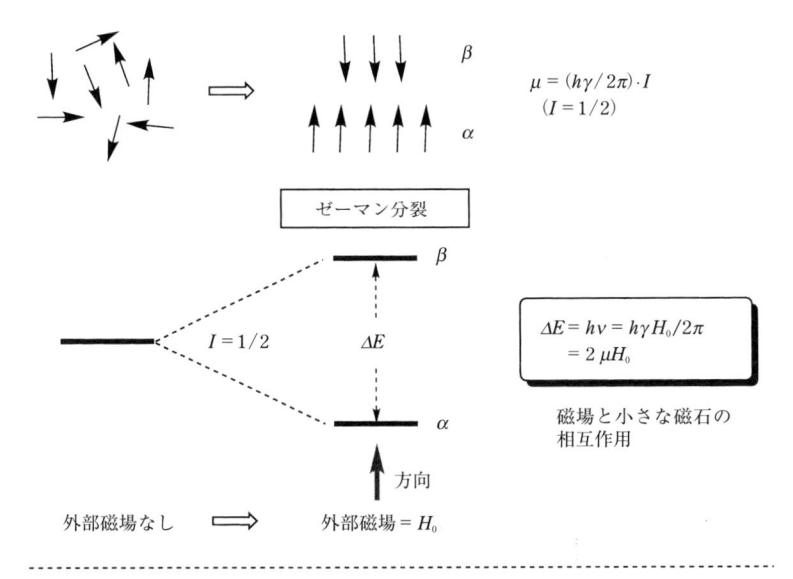

磁場と小さな磁石の相互作用

外部磁場なし ⇒ 外部磁場 = H_0

方向

μ：磁気モーメント　　　h：プランク定数　　ゼーマン分裂は$(2I+1)$本
I：核スピン(整数または半整数)　　ν：共鳴周波数
γ：磁気回転比

図9.1　磁場の中の核

小さくて約6 mcalであるが，外部磁場の大きさに比例するので，より強力な磁石が有利である．

2) ラーモア(Larmor)の歳差運動

外部磁場の中に入れられた核は，外部磁場の方向に対してある傾きをもって，磁場の方向を軸として，角速度 ω_0 ($\omega_0 = \gamma H_0$) でコマのような回転運動をする．これをラーモアの歳差運動といい，歳差運動の周波数を ν_0 ($\Delta E = h\nu_0$ を満足する)とすれば $\omega_0 = 2\pi\nu_0$ なので，$\nu_0 = \gamma H_0/2\pi$ となる．たとえば，11.745 Tの磁場の中におかれた水素核(^{1}H)のラーモアの周波数は，$\nu_0 = \gamma H_0/2\pi = 2.6752 \times 10^8 \times 11.745 / (2 \times 3.1415) = 500.08$ MHz となる．

さて，実際には多くの核が α 準位と β 準位で同時に歳差運動しており，その位相はまちまちである．そこで，すべての磁気モーメントのベクトル和(磁化または磁化ベクトル，M)について考える．M は，熱平衡下ではz軸に沿って静止している．

75

9章 核磁気共鳴

すべての核の磁気モーメントのベクトル和を磁化または磁化ベクトルといい，Mで表す

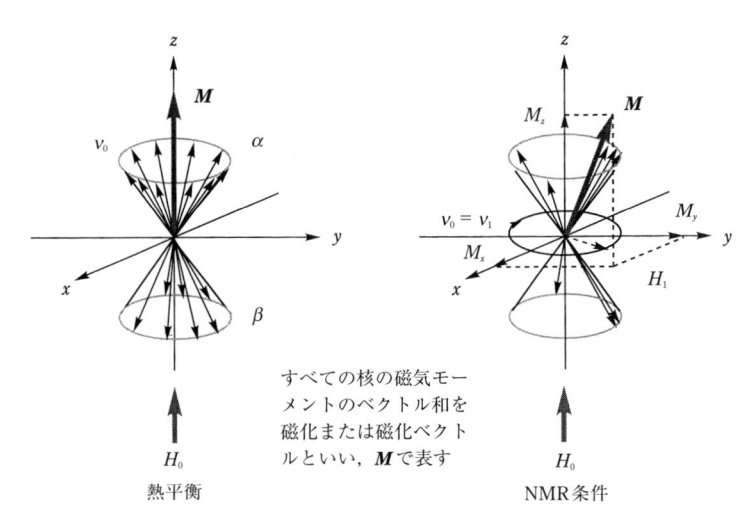

熱平衡

NMR条件

図9.2 ラーモアの歳差運動

3) 核磁気共鳴

　ゼーマン準位にある核に，そのエネルギー差ΔEに対して$\Delta E = h\nu_1$を満足する周波数の電磁波を照射すると，共鳴周波数ν_1はラーモアの周波数ν_0に等しいから，核は電磁波のエネルギーを吸収してα準位からβ準位に励起される．別の見方をすれば，核磁気共鳴を起こさせるためにはH_0に垂直に周波数ν_1の電磁波H_1を照射する．ν_1の値が水素核(^{1}H)のラーモアの周波数ν_0に等しい場合エネルギーの吸収が起こり，磁化ベクトルMは少しxy平面に倒れてz軸の周りを周波数ν_1で歳差運動する．

核磁気共鳴が起こるためには

→ 核が磁石としての性質をもつこと：核スピンがゼロでない

→ 核が磁場の中におかれ，ラーモア歳差運動をし，ゼーマン分裂を起こすこと

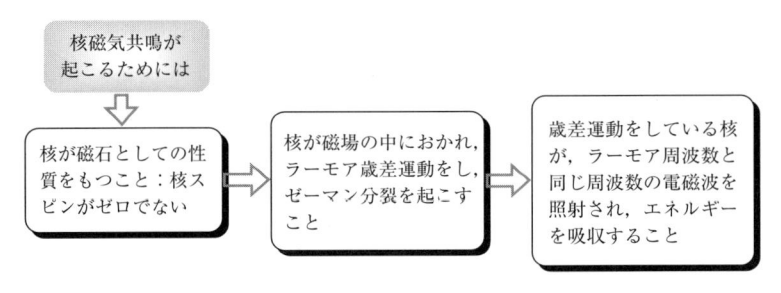

→ 歳差運動をしている核が，ラーモア周波数と同じ周波数の電磁波を照射され，エネルギーを吸収すること

図9.3 核磁気共鳴

4) 飽和と緩和現象

ΔEなるエネルギーを吸収して核磁気共鳴が起こったのち，このエネルギーが放出されなければ，核はβ準位にとどまりエネルギーの吸収はやがて起こらなくなる．たとえばΔEなるエネルギーを与え続けると，核は強制的にβ準位にとどまることになり，この状態のことを核が飽和(saturation)したという．しかし，ラーモアの振動数に相当する電磁波の照射を中止すれば，核は獲得したエネルギーを捨ててもとの熱平衡状態に戻る．これを緩和(relaxation)とよび，その様式は以下に示したi)，ii) の種類である．

i) 縦緩和

自分の周りに存在するほかの核や溶媒(格子, lattice)にエネルギーを渡し, β準位の核がα準位に戻る．これを縦緩和(longitudinal relaxation)またはスピン-格子緩和(spin-lattice relaxation)という．

ii) 横緩和

個々の核スピンがたがいに相互作用しながら，位相を乱して熱平衡時の一様な分布に戻る．横緩和(transverse relaxation)またはスピン-スピン緩和(spin-spin relaxation)という．

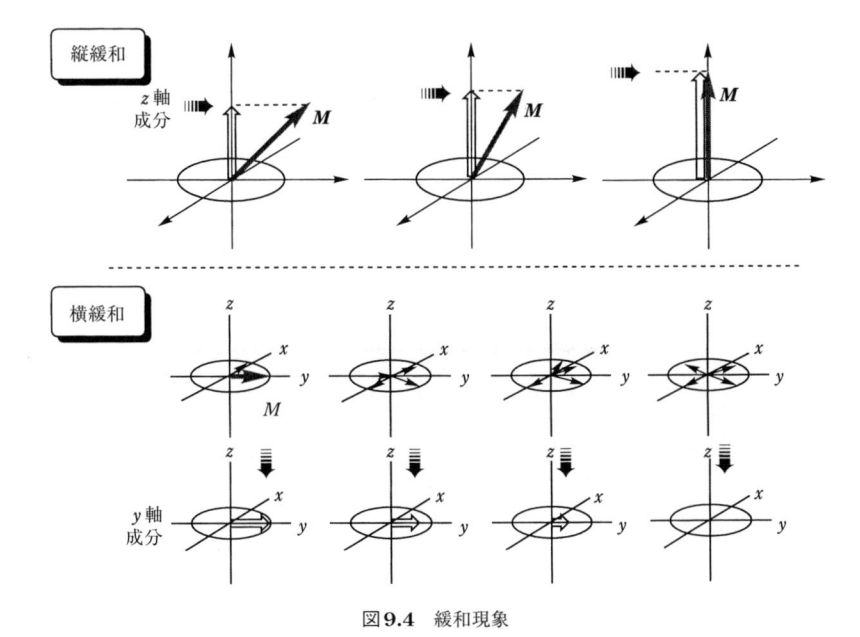

図9.4 緩和現象

9.2 核磁気共鳴を観測する方法

1) 連続波法(continuous wave method, CW法)

外部磁場(H_o, z軸方向)に垂直に電磁波(H_1, x軸方向)を照射する際，その周波数を連続的に変化させる．周波数がν_2になったとき，それと同じラーモアの周波数を有する核が共鳴現象を起こす．さらに周波数が変化してν_4になったとき，それと同じラーモアの周波数を有する核が共鳴現象を起こす．水素核の場合，1回の掃引で通常十分なS/N比が得られる．1回の掃引で十分なS/N比が得られない核の場合には，コンピューターを用いて積算する方法がある．N回の積算でS/N比は$\sqrt{N}$倍になる(N^2回積算でN倍)．たとえば，^{13}Cは^{1}Hに対して相対感度が1.59×10^{-2}で天然存在比が1.1％なので，実質相対感度は^{1}Hを1とした場合$0.0159 \times 0.011 = 1.75 \times 10^{-4}$である．したがって，水素と同じ$S/N$比の^{13}Cのスペクトルを得るためには，$(1/1.75 \times 10^{-4})^2 = 3.27 \times 10^7$回の積算が必要となる．連続波法では不可能である．

2) パルス-フーリエ変換法(pulse Fourier transform, PFT法)(図9.5, 図9.6)

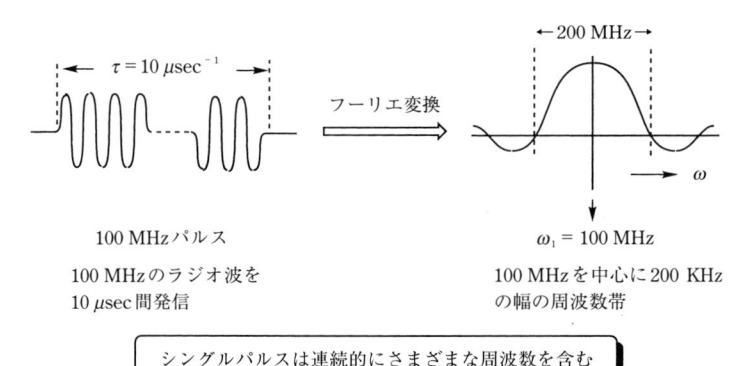

100 MHzパルス
100 MHzのラジオ波を
10 μsec間発信

$\omega_1 = 100$ MHz
100 MHzを中心に200 KHzの幅の周波数帯

シングルパルスは連続的にさまざまな周波数を含む

$\theta = \gamma H_1 t_p \times (180/\pi)$：パルスの強さ

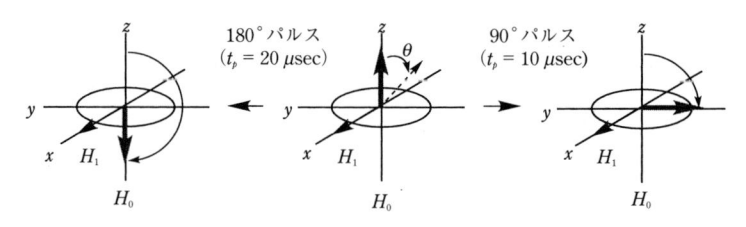

180°パルス ($t_p = 20$ μsec)
90°パルス ($t_p = 10$ μsec)

図9.5 パルス

9.2 核磁気共鳴を観測する方法

たとえば，100 MHzのラジオ波を10 μsec 発信（パルスの発信）し，これを時間の関数としてフーリエ変換すると，100 MHzを中心とする200 KHz幅の周波数帯となる．すなわち，単一パルスは連続的に周波数帯成分を含むので，ある核のラーモアの周波数を中心とするパルスを発信すれば，同一核種であれば化学結合の違いを問わず"すべての核"が共鳴する．パルスが切られたあとは"すべての核"はラーモアの歳差運動をしながら熱平衡の状態に復帰する（緩和する）．この横緩和のベクトル成分を時間の関数（自由誘導の減衰，free induction decay，FID）として取り出し，フーリエ変換す

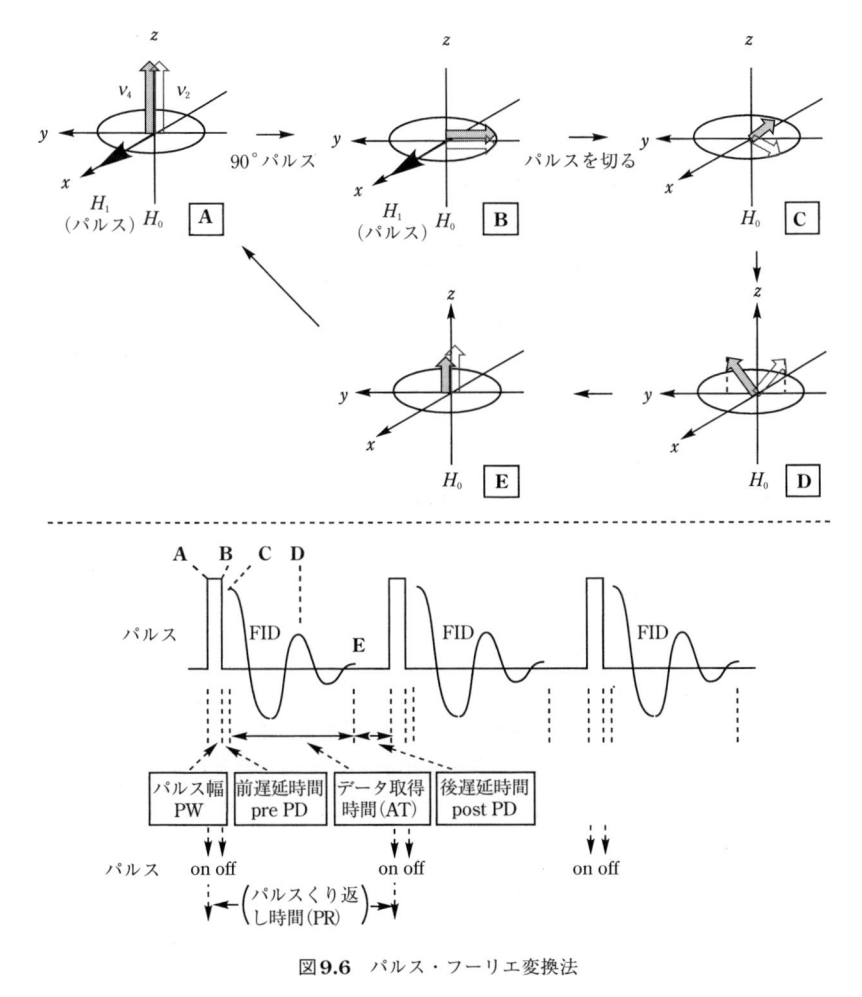

図9.6　パルス・フーリエ変換法

れば，NMRスペクトルが得られる．

9.3　NMR装置

1）磁石

超伝導磁石が一般的になりつつある(図9.7)．

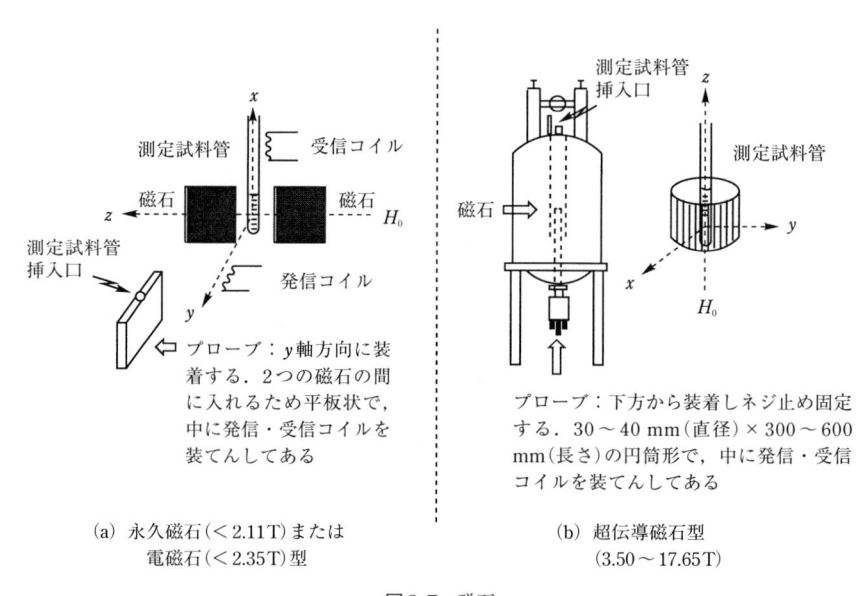

(a) 永久磁石(＜2.11T)または
　　電磁石(＜2.35T)型

プローブ：y軸方向に装着する．2つの磁石の間に入れるため平板状で，中に発信・受信コイルを装てんしてある

(b) 超伝導磁石型
　　(3.50～17.65T)

プローブ：下方から装着しネジ止め固定する．30～40 mm(直径)×300～600 mm(長さ)の円筒形で，中に発信・受信コイルを装てんしてある

図9.7　磁石

2）プローブ

試料を装てんして核磁気共鳴現象をひき起こさせ，NMRスペクトルを得るための1次情報を発信する部分で，磁石とともに核磁気共鳴装置の心臓部である．最近では，1つのプローブで^{1}H，^{13}C，^{19}F，^{31}Pの4種類の核の観測を可能としたプローブ，C-H相関を^{1}H観測で行う間接観測プローブ(indirect probe)，磁場勾配を発生させ測定の超効率化と非シグナル成分の除去に威力を発揮する磁場勾配型プローブ(pulsed field gradient probe, PFG probe)，およびナノグラム量の試料の測定を可能にしたナノプローブなど，多彩なプローブが実用化されている．

表9.1　原子核の磁気的性質(測定可能な核：核スピン ≠ 0)

同位体	天然存在比 (%)	一定磁場での相対感度	磁気モーメント	核スピン I	磁気回転比 $\gamma/10^8$ (SI)
^{1}H	99.9844	1.000	2.79268	1/2	2.6752
^{2}H	1.56×10^{-2}	9.64×10^{-2}	0.85739	1	0.4107
^{3}H	——	1.21	2.9788	1/2	——
^{10}B	18.83	1.99×10^{-2}	1.8005	3	——
^{11}B	81.17	0.615	2.6880	3/2	——
^{12}C	98.9	——	——	0	——
^{13}C	1.108	1.59×10^{-2}	0.70220	1/2	0.6726
^{14}N	99.635	1.01×10^{-3}	0.40358	1	——
^{15}N	0.356	1.04×10^{-3}	-0.28304	1/2	-2.712
^{16}O	99.76	——	——	0	——
^{17}O	3.7×10^{-2}	2.91×10^{-2}	-1.8930	5/2	-3.628
^{19}F	100	0.843	2.6273	1/2	2.5179
^{28}Si	92.28	——	——	0	——
^{29}Si	4.70	7.85×10^{-2}	-0.55548	1/2	-5.319
^{30}Si	3.02	——	——	0	——
^{31}P	100	6.64×10^{-2}	1.1305	1/2	1.084
^{32}S	95.06	——	——	0	——
^{33}S	0.74	2.26×10^{-3}	0.64274	3/2	0.2054
^{34}S	4.2	——	——	0	——
^{35}Cl	75.4	4.71×10^{-3}	0.82091	3/2	2.624
^{37}Cl	24.6	2.72×10^{-3}	0.68330	3/2	2.184
^{79}Br	50.57	7.86×10^{-2}	2.0991	3/2	——
^{81}Br	49.43	9.84×10^{-2}	2.2626	3/2	——

表9.2　核のNMR感度

核種	天然存在比	相対感度	実質感度
^{1}H	99.98％	1	1
^{13}C	1.108％	0.0159	0.000175
^{15}N	0.365％	0.000104	0.0000380
^{19}F	100％	0.834	0.834
^{31}P	100％	0.06641	0.0664

3) コンピューターシステム

　プローブから発信された情報(FID)をフーリエ変換したり，構造解析用のさまざまな視覚化されたスペクトルに変換するのはコンピューターの役割である．2次元や3次元NMRのような大容量の情報を処理する速度と精度は，最近のこの分野の発展に

よって，その機能上のあるいはダイナミックレンジにかかわる問題はほとんど解消された．

4) NMR分光器の構成

PFT法分光器の基本的な構成は，図9.8のとおりである．RF発信器・増幅器・受信器，パルス発生器，RF位相検波検出器，コンピューターシステム，記録計などから構成される．

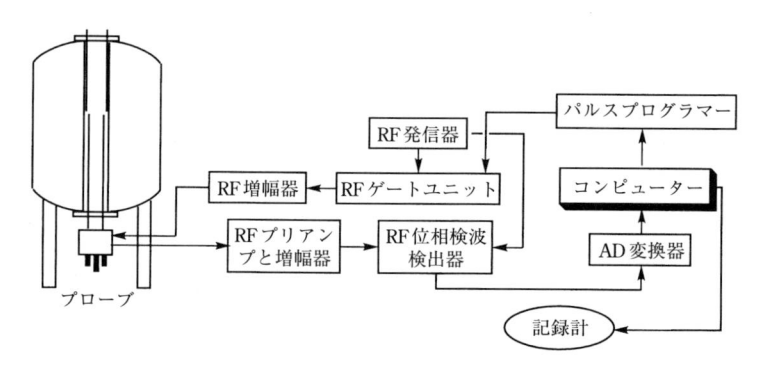

図9.8 分光器構成

9.4 NMRスペクトル

1) 化学シフト (chemical shift)

これまでは，磁場の中に入れた裸の状態の核を取り扱ってきたが，実際には核は化学結合をしているので，たとえば同じ水素核でも，化学環境が異なるとそれぞれの水素の共鳴周波数も少しずつ異なる（化学シフト）．核磁気共鳴が構造解析で大きな威力を発揮する理由は，まさにそこにある．化学シフトに関する約束事に関しては，図9.9を参照．化学シフトは以下の2つの因子によって決定されるが，水素核の場合②の寄与が大きく，いくつかの例を図解した．炭素核では化学シフトの広がりが大きく，①の因子が決定的で，②の因子は2次的に効く．

①結合原子の電気陰性度と置換基の誘起効果によって，核の周りの電子密度が異なること
②核の周りの磁気異方性 (magnetic anisotropy) が異なること

9.4 NMRスペクトル

$H(核) = H_0 - \sigma H_0$
     $= H_0(1-\sigma)$

$\nu = \gamma H_0 (1-\sigma)/2\pi$
(核の共鳴周波数)

σ：遮へい定数(shielding constant)
$\approx 10^{-5}$（水素核），$\leq 10^{-3}$（ほとんどのほかの核）

局所磁場
電子軌道
核
H_0
外部磁場

$\nu_S = \gamma H_0 (1-\sigma_S)/2\pi$ （ある核の共鳴周波数）
$\nu_R = \gamma H_0 (1-\sigma_R)/2\pi$ （基準核の共鳴周波数）
$\delta = 10^6 \times (\nu_S - \nu_R)/\nu_R = 10^6 \times (\sigma_R - \sigma_S)/(1-\sigma_R)$ ➡ 化学シフト(ppm)
$\delta(=\text{ppm})$：0〜10（水素核）；0〜230（炭素核）

遮へい化(shielded)
局所磁場
H′
C–H
非遮へい化(deshielded)
外部磁場
H_0

H   H′

10 9 8 7   4 3 2 1 0 δ (ppm)

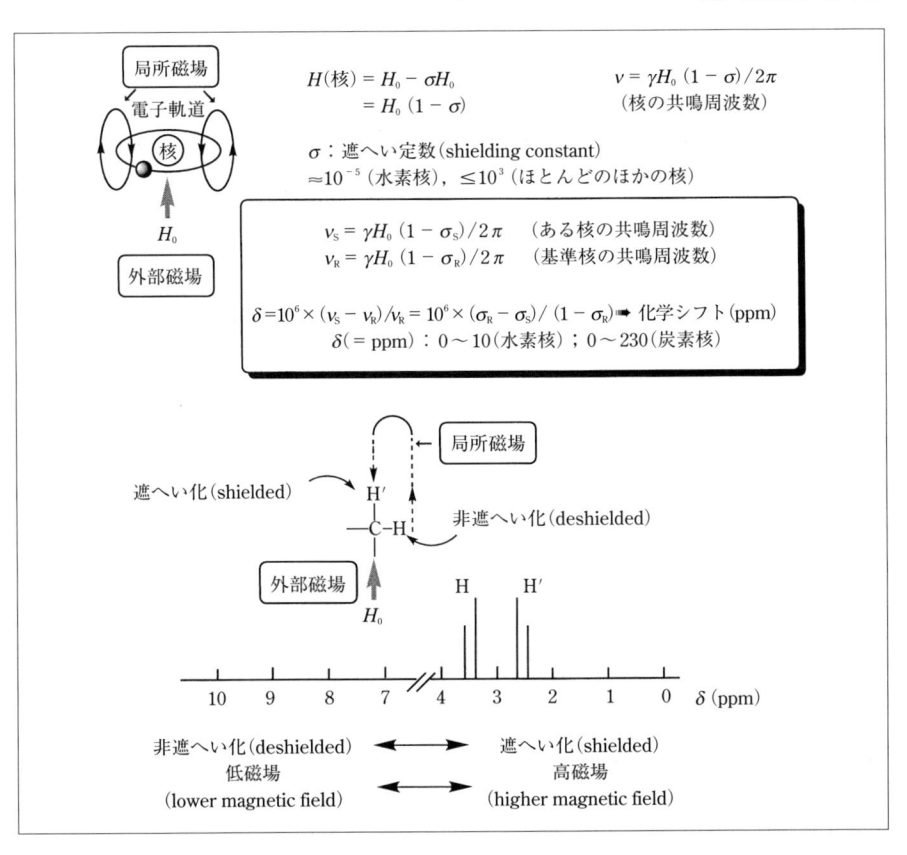

非遮へい化(deshielded)　⟷　遮へい化(shielded)
低磁場　　　　　　　　　　　高磁場
(lower magnetic field)　⟷　(higher magnetic field)

図9.9　化学シフト

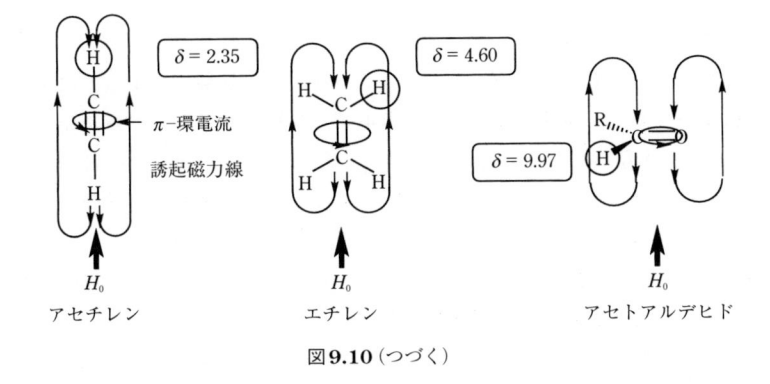

$\delta = 2.35$
π-環電流
誘起磁力線
H_0
アセチレン

$\delta = 4.60$
H_0
エチレン

$\delta = 9.97$
H_0
アセトアルデヒド

図9.10（つづく）

9章 核磁気共鳴

$\delta = 7.28$

H_0

ベンゼン

$\delta = 8.9$

$\delta = -1.8$

H_0

18-アヌレン

$\delta = 7.40$

$\delta = 7.85$

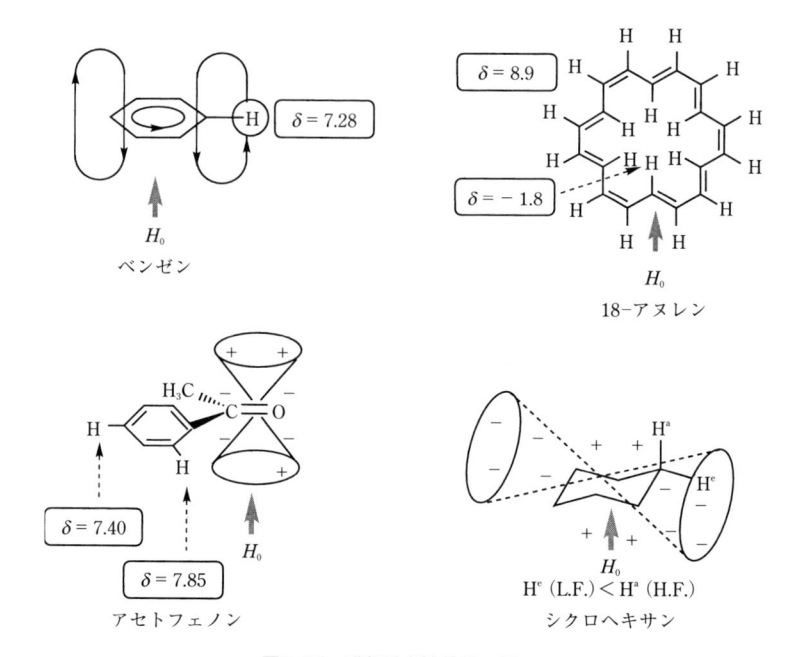

H_0

アセトフェノン

H_0

H^e (L.F.) < H^a (H.F.)

シクロヘキサン

図9.10 磁気異方性効果の例

2) スピン結合 (spin-spin coupling)

ある核(X)のゼーマン準位 α と β は, X と結合1つ (X-Z), 結合2つ (X-A-Z), あるいは結合3つ (X-A-A'-Z), 隔てた位置にある核(Z)との, 結合を介したエネルギー相互作用によって, α と β それぞれが等間隔の2つのエネルギー準位に分裂する. このようにして生じた4つのエネルギー準位間でエネルギー遷移(6種類可能)が起こることになるが, 実際に起こる遷移は, 選択律によって支配された2つのみである. α と β 準位のエネルギー差($\Delta E = h\nu_0$ を満足する)はラーモアの周波数 ν_0 によって決まるが, 相互作用によって新しく生まれた2つのエネルギー遷移それぞれのエネルギー差は, いずれも ΔE とは異なっている. したがって, ν_0 とは異なった周波数に対応することになり, 新しいシグナルを生む(2本に分裂)ことになる. この2本のシグナルの間隔をスピン結合定数(spin-spin coupling constant)とよび, J(Hz)で表す.

J は外部磁場の大きさには無関係な定数で, X と Z の種類, これらの核を隔てている結合の数, 結合角あるいは二面体角などに依存して決まる. また, これらの核を隔てている結合の数が同じ位置に等価な n 個の Z が存在する場合には, X は $(2nI + 1)$ 本

に分裂し，分裂の間隔は等しい．この現象によって通常NMRスペクトルは複雑さを増すことになるが，構造解析の情報量も増えることになり，^{1}Hの通常測定ではこのスピン結合が重要な情報となる．^{13}Cの通常測定においては存在する炭素の数を明瞭に把握するため，炭素と水素核とのスピン結合を消去した状態で行う．核を隔てている結合の数が3つ以上になっても，ある条件を満たせばスピン結合が起こる．これを遠隔スピン結合（long-range spin-spin coupling）とよぶ．

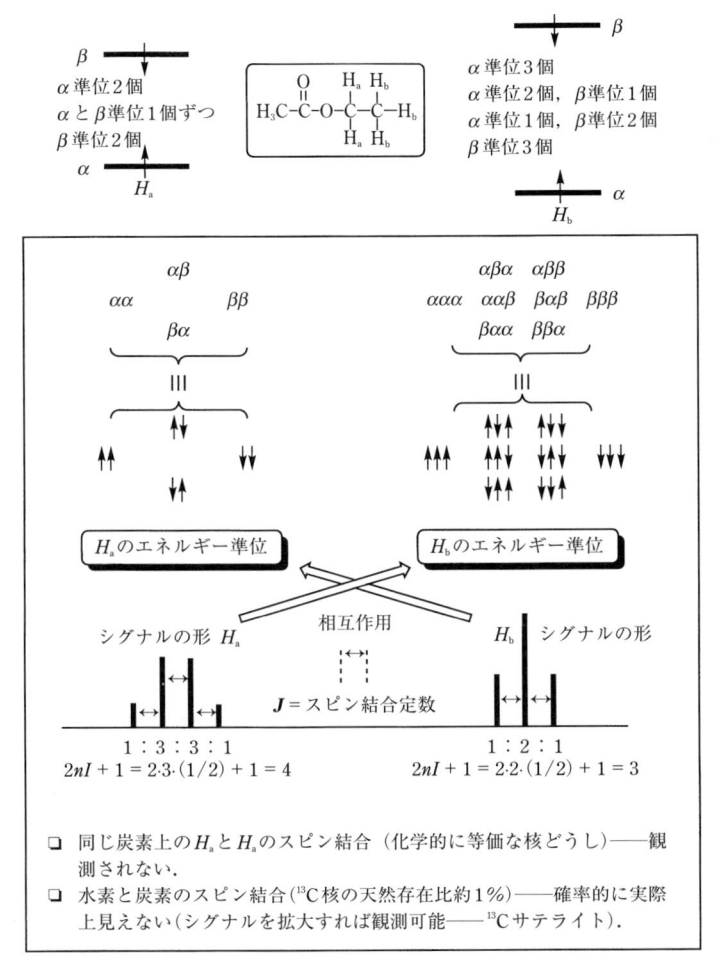

図9.11 スピン結合

9章 核磁気共鳴

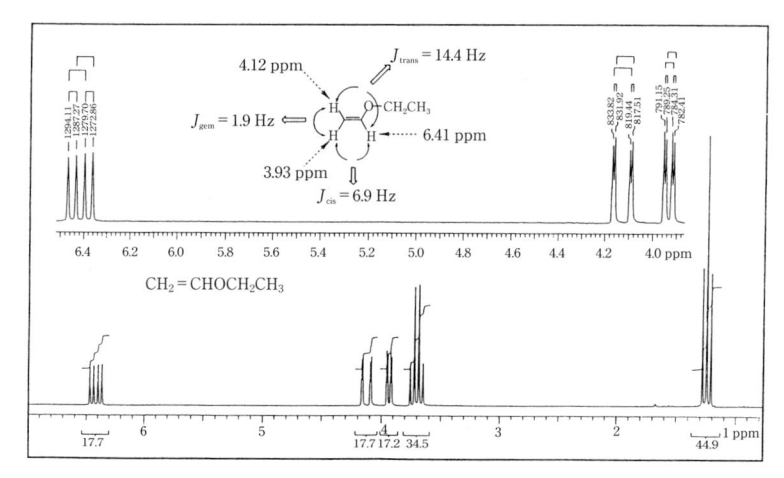

図9.12 ^{1}H NMRスペクトル1（電子密度の変化と化学シフトとスピン結合定数）

$J_{trans} = 14.4$ Hz
$J_{gem} = 1.9$ Hz
$J_{cis} = 6.9$ Hz
4.12 ppm
3.93 ppm
6.41 ppm

$CH_2=CHOCH_2CH_3$

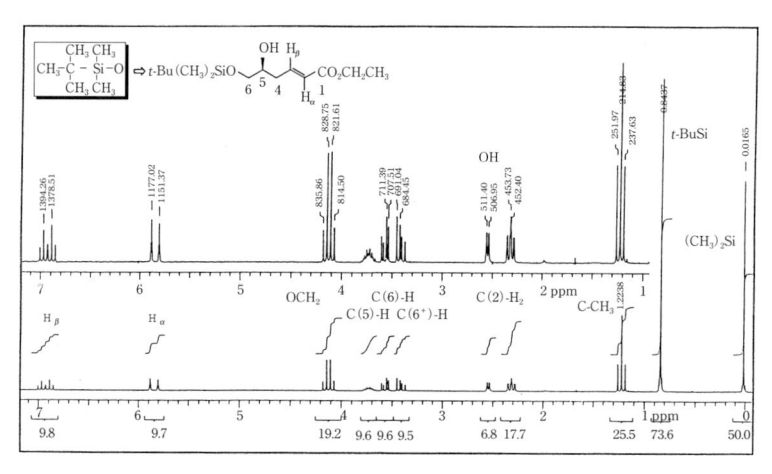

図9.13 ^{1}H NMRスペクトル2（電子密度の変化と化学シフトとスピン結合定数）

3) 仮想的結合

長いアルキル基の末端のメチル基は，スペクトル1および2のエチル基に含まれるメチル基のような典型的分裂パターンを示さない．これは，隣接するメチレン鎖に含まれる水素核の化学シフトの差が，スピン結合定数と比べて小さい（$\Delta v/J \approx 0$）ため，それら水素核が強くスピン結合した"一群のスピン系"として挙動する．その結果，末端のメチル基は隣接する"一群のスピン系"とスピン結合する結果となり，明瞭な三重線とならない．これを仮想的結合（virtual coupling）という．

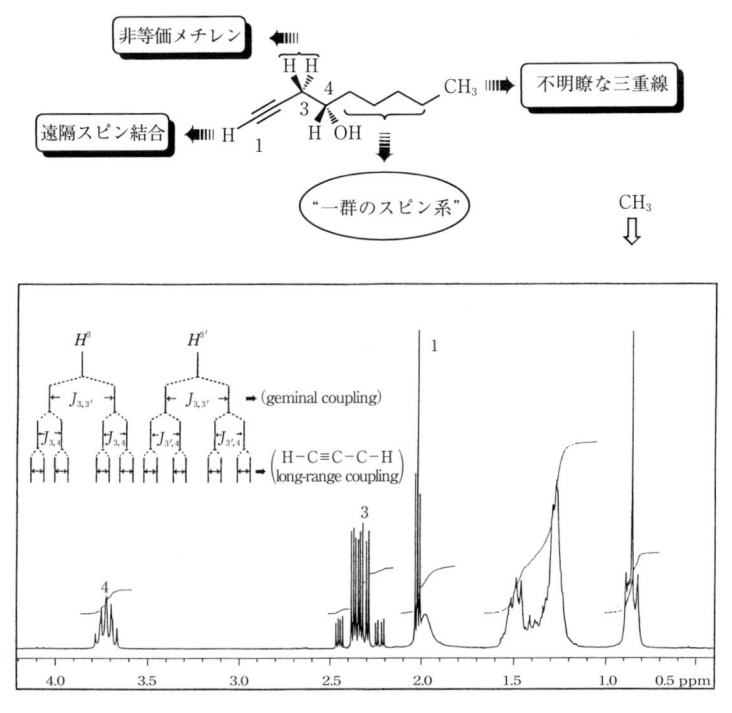

図9.14　スピン結合と仮想的結合の例

4) シグナル強度（積分強度）

スペクトル中に描かれる階段状の積分強度線の階段の高さの比は，混合物のスペクトルでないかぎり，整数比として各シグナルに対応する核の数に相当する．測定の実際的な制約のため，緩和の遅くない感度の良好な核種（水素，フッ素，リンなど）の測定に限って用いられる．炭素核の積分強度は，測定試料が比較的低分子でかつ量的に

十分である場合を除いて実際的ではない．

9.5 応 用 測 定

1) 核オーバーハウザー効果

たとえば，ある水素核H_aをその共鳴周波数のラジオ波を用い，弱い出力で照射しαとβ状態の占有数が同一になるようにする（飽和）と，その核と空間的に近い距離にある別の水素核H_bのシグナル強度（積分強度）が増大する．これを核オーバーハウザー効果（nuclear Overhauser effect, nOeまたはNOE）という．H_aを照射して得られるFIDに，シグナルのない位置を照射して得られるFIDを符号を逆にしてコンピューター上で加え，その結果得られたFIDをフーリエ変換すれば，NOEのあるシグナルだけが残る．いわゆるNOE差スペクトルはこのようにして得られ，分子の立体配座に関する情報を簡便に得る方法の1つとして多用されている．

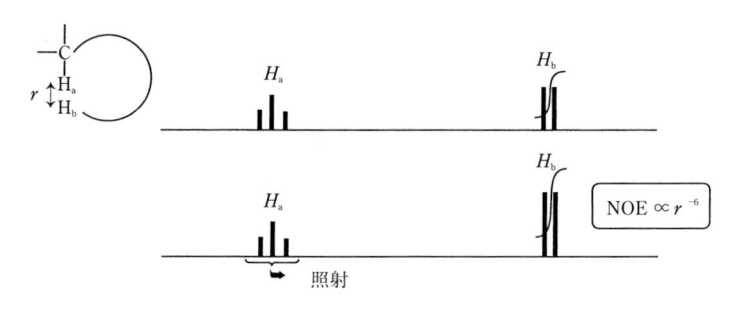

図9.15 核オーバーハウザー効果

2) 1次元スペクトルの高度情報化

通常のNMRスペクトルチャートは，横軸が化学シフト（δ，周波数領域），縦軸が吸収強度である．すなわち，チャートが2つの因子で示されているので数学的な概念では2次元的であるが，NMRではこれを1次元スペクトルとよんでいる．

さて，PFT法が一般的なNMR測定法となってから，測定時間の著しい短縮が可能となり，かつ磁化ベクトルの運動をパルスを用いて自由に操れるようになった結果（パルステクニックの展開），さまざまな応用測定が可能になってきた．たとえば，緩和時間の測定（分子の運動性に関する情報），不要な巨大信号の除去（重水溶媒中の軽水シグナルの除去），感度増大のための分極移動法（一〜四級炭素核の識別），選択的励起法（C-H結合の識別）などである．これらの方法が日常的に使用され，構造に関

する情報のみならず熱力学的定数，動力学的定数，分子運動に関する時定数の入手とそれに基づいた反応機構の解析や生合成機構に関する研究が，NMRによって展開されている．

3）2次元スペクトル

PFT法ではシグナルの周波数情報を時間の関数であるFIDとして採取し，これを積算したのち，フーリエ変換してスペクトルとして記録計に出力する．さて，パルスを切った直後からFIDを採取するまでの時間 (t_1) は，それぞれの核の磁化ベクトルがたがいに相互作用をしつつ，歳差運動をしながら熱平衡状態に復帰してゆく過程（evolution time，展開時間）である．t_1 時間後にFIDの採取を開始しその採取時間を t_2 として，$t_1 + t_2$ ＝ パルスくり返し時間（PR）＝ 一定とすれば，t_1 と t_2 を変数とするFIDを任意の数だけ2次元のマトリックスとして積算可能となる．その後 t_2 に関してフーリエ変換し，続いて t_1 に関してフーリエ変換すれば，横軸と縦軸の両方を周波数とする2次元スペクトルが得られる．展開時間中にさまざまなパルス系列を組み込めば，もっとも知りたい情報を強調した2次元スペクトルが入手可能となる．

2次元NMRは，大別して①分解2次元NMR，②相関2次元NMR，③多量子2次元NMR，の3種類に分けられる．なかでも②相関2次元NMRは，相関させる因子を(a)同種核のスピン結合，(b)異種核化学シフト，(c)同種核の核オーバーハウザー効果，(d)異種核の遠隔スピン結合，など多彩に設定可能で，生体高分子の構造解析には有用である．

二本鎖DNAオリゴマーd(ACCCGGGT)$_2$ の D$_2$O 溶液の水素核のスピン結合を因子とする相関2次元NMRスペクトル（COSY，対角線の下側）と，水素核の核オーバーハ

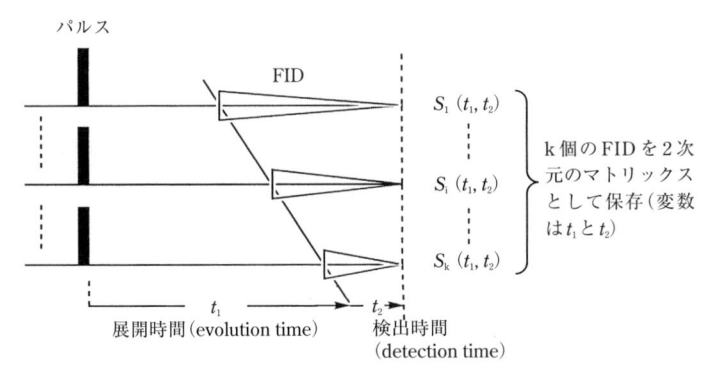

図9.16　基本的な2次元NMRのFIDのサンプリング

ウザー効果を因子とする相関2次元NMRスペクトル（NOESY，対角線の上側）を図9.17に示す．対角線上に各シグナルの化学シフトの位置が等高線のうずまき模様で示され，相関しているシグナルどうしに交差ピークが，同様に等高線のうずまき模様として表れる（化学シフトの位置を通る上下左右の直線が交差する位置）．TCH$_3$（1.2 ppm付近），デオキシリボースの2位の-CH$_2$-（2～3 ppm），デオキシリボースの1，3，4(-CH-)，および5位(-CH$_2$-)プロトン（3.8～6.4 ppm），および塩基のイミノプロトン（7.3～8.4 ppm）の，化学シフトとヌクレオチド間の距離の近い水素核間に見えるNOE交差ピークを手がかりに，解析を行うことになる．

タンパク質のNOESYスペクトルも核間の距離の情報を提供するが，それらを満足する分子モデルの考察には限度がある．最近，それを計算機で行うためのソフトウエアが活用されており，ディスタンスジオメトリー法といわれている．

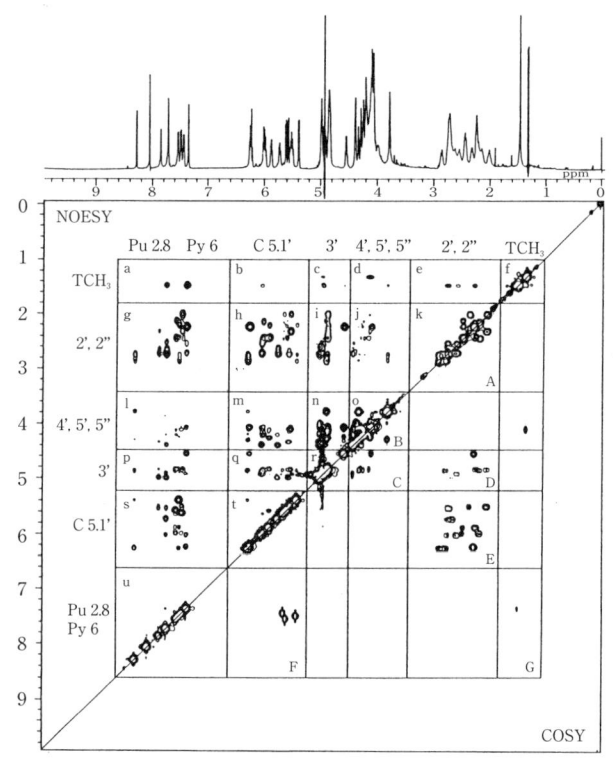

図9.17　D$_2$O中のd(ACCCGGGT)$_2$の2次元スペクトル
　　　　［高分解能NMR—基礎と新しい展開—，現代化学，増刊11，p.204，東京化学同人（1987）］

10章　X線回折

10.1　X線とその発生

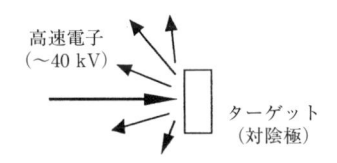

ターゲット：Cu, Fe, Moなどの金属．普通は，真空封入管を用いる．ドラム状にして回転させると（回転対陰極），より強いX線を取り出すことができる．さらに強いX線が必要なときは，シンクロトロンからの放射光を利用する．

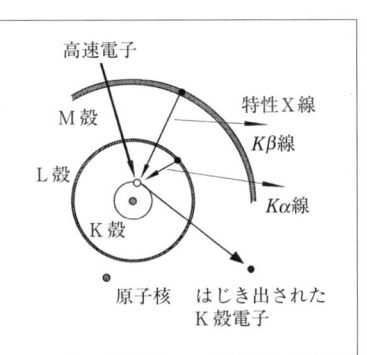

1) X線スペクトル

ターゲットからは，波長の分布が連続な連続X線と，金属元素の電子準位により定まった波長の特性X線が発生する．右図は，MoからのX線．通常の回折測定には，たとえば$K\alpha$線だけを取り出して用いる（単色化）．

単色化の方法
① グラファイト単結晶を用いる（モノクロメーター）．
② $K\beta$線を吸収するフィルターを用いる（フィルター，バランストフィルター）．

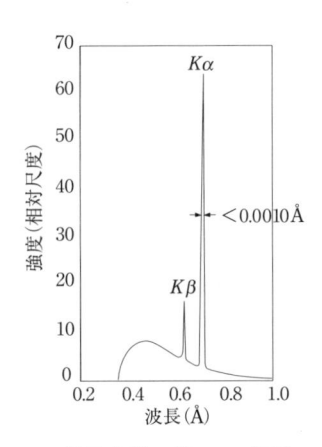

［B.D.Cullity, *Element of X-Ray Diffraction*, 10(1978)］

10.2　格子面によるX線の回折

X線は電子により散乱される．電子による電荷分布の中心に原子核があるので，原子による散乱としてもよい．すると，入射X線と同じ波長の波（コヒーレント波）が，球状にすべての原子から発生する．図10.1で円は，X線がすべての方向に散乱されることを示す．また，円の大きさの違いは，散乱X線の位相の違いを表す．円の共通接線と直角方向（入射方向とは異なる方向）にX線が進行する，すなわち回折する．

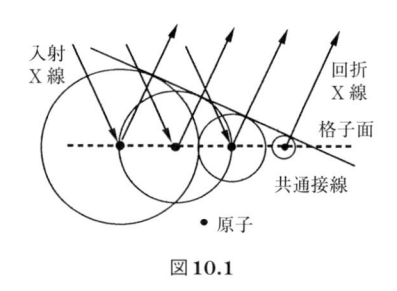

図10.1

それらのうち回折X線として観測できるのは，ブラッグ（Bragg）の回折条件を満たす散乱X線のみである．すなわち，隣接する格子面からの回折X線X_1'とX_2'はたがいに干渉するので，両者の光路長の差がX線の波長の整数倍に等しいときに限り，X_1'とX_2'は強めあってX線が観測できる（2つのX線の位相が合う）．

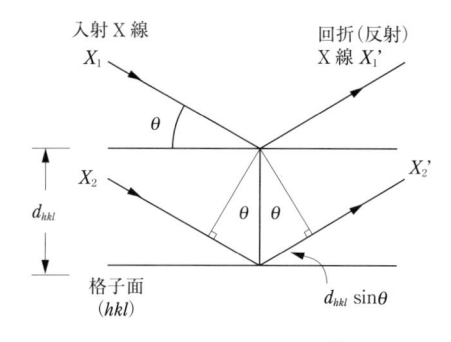

X_1-X_1'とX_2-X_2'の光路長の差 = $2d_{hkl}\sin\theta$
ブラッグの式
$2d_{hkl}\sin\theta = n\lambda$　（λ：X線の波長，n：自然数）

図10.2　ブラッグの回折条件

結晶格子面により回折されたX線を写真フィルムにあてると，多数の斑点(スポット)として検出できる．これらの斑点は，逆格子空間の格子点に相当する．各スポットの構造因子とよばれる量を求め，それを数学的に逆フーリエ変換して，実空間での電子密度の分布や原子の位置を求めることが，結晶構造解析である．

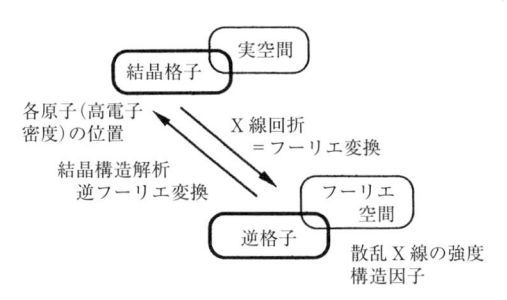

図10.3 実際の結晶格子と逆格子との関係

10.3 X線回折の応用

表10.1のうちの多くは，無機物や低分子量有機物に頻繁に用いられてきている手法である．近年は，X線を素早く検出することができるイメージングプレートなど半導体検出装置の開発と，コンピューターの発達に伴って，有機物や高分子，タンパク質などにも応用範囲が拡大されてきており，これら物質の結晶構造解析が容易になった．

下線を施した項目について，次節以降で簡単な説明を加える．

表10.1 X線回折の応用

目的	試料の形態	コメント
<u>定性分析</u>	粉末	未知の結晶物質が何かを，すでに知られている結晶のデータ*と比較して明らかにする．同定ともいう．ハナワルト(Hanawalt)法など
定量分析	粉末	標準物質と定量しようとする結晶の純物質の混合物から得られる検量線に基づく方法など
格子定数の精密測定	粉末	内部標準法，外挿法など
結晶粒子の形態	粉末	結晶粒子の大きさ，ゆがみの度合い，配向性
小角散乱	粉末，膜	微粒子($<0.1\ \mu m$)や不均質部分からのX線散乱．ゲル化物，コロイド状態の粒子サイズを求めたりフラクタル解析ができる
<u>薄膜解析</u>	薄膜	薄膜状試料あるいはバルク試料の表面層(厚み$<0.1\ \mu m$)からの回折の測定
<u>結晶構造解析</u>	単結晶	結晶を構成する原子の位置や格子定数を決定する
	粉末	リートベルト(Riedbelt)法によれば，粉末試料についても可能な場合がある

*JCPDS-ICDD X線粉末回折データ．データカード，書籍(第40巻以降は無機・有機化合物が一緒に掲載されている)，およびCD-ROMに収録されている(International Centre for Diffraction Data, Pa U.S.A., FAX: 610/325-9823, Internet: INFORMATION@ICDD.COM)．日本国内では，有名書店，株式会社オーバーシーズ・エックスレイ・サービス(ph: 03/3400-5988, FAX: 3409-8237)などで入手可能．X線回折装置に付属している場合もある．タンパク質の構造のデータベース，Protein Data Bank(PDB)については10.11節で紹介する

10.4 粉末試料のX線回折と回折図形(パターン)

粉末中では，微小な結晶粒があらゆる方向を向いている．したがってブラッグの回折条件を満たす面からの回折線は，コーン状に広がる．この同心円状の図形をデバイ－シェラーリング(Debye-Scherrer ring)とよぶ．

1) 粉末回折のX線光学系

粉末試料の回折は，通常ディフラクトメーター(回折装置)によって測定する．そのとき，X線源と検出器(計数管)は試料を中心とする同一円上におく．θを回折角とすると，計数管がX線源と試料を結ぶ直線から2θの位置にあるときに，ちょうどブラッグの条件を満たす面からの回折X線が観測できる．よって，検出器を試料の回転角度の2倍で同時に回転すると，常にブラッグの回折条件を満足した状態で回折X線の回折角度と強度が測定できる．このような，回折角度を求めるための回転試料台をゴニオメーター(goniometer)とよぶ．

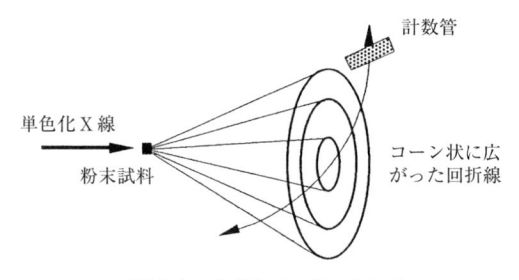

図10.4 デバイ－シェラーリング

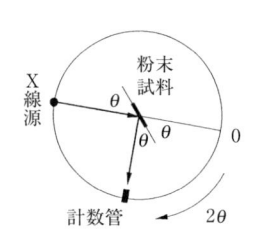

図10.5 ディフラクトメーターの原理

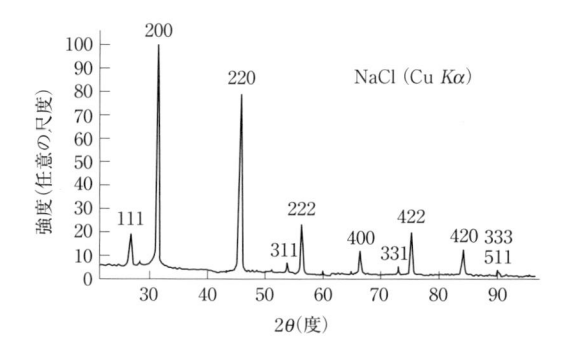

図10.6 NaCl結晶の回折図形
[B.D.Cullity, *Element of X-Ray Diffraction*, 194(1978)]

図10.6は，Cu $K\alpha$ 線を用いて測定したNaCl結晶の回折図形である．面指数(hkl)が示してある．

10.5　粉末X線回折による定性分析（検索手順）

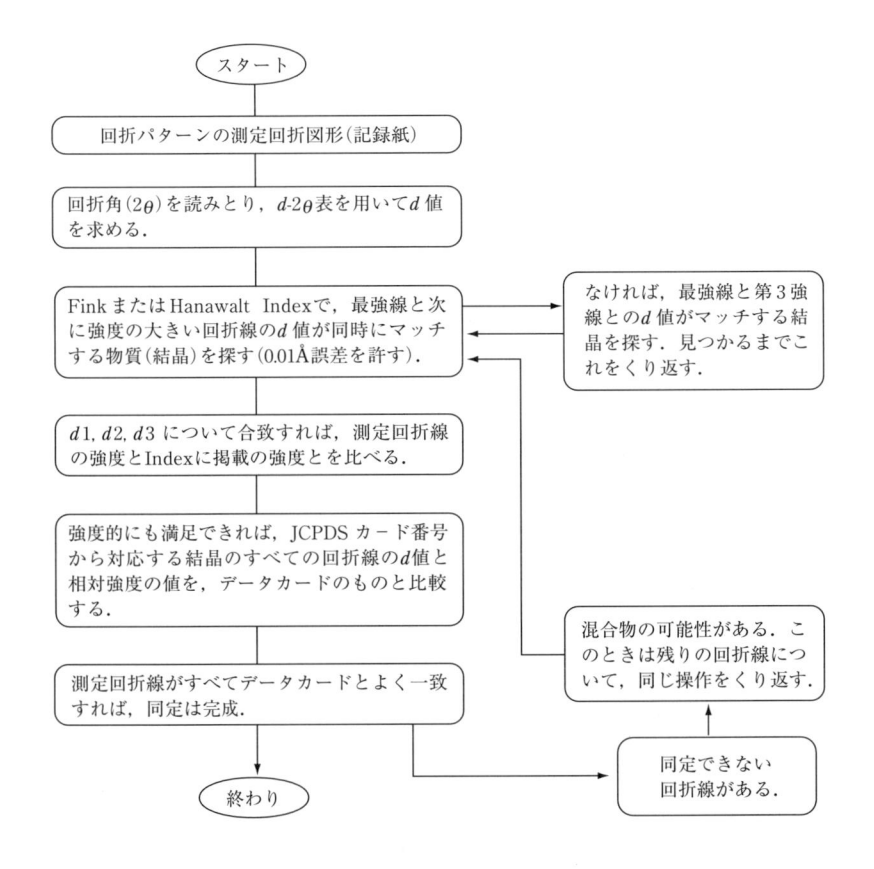

```
           ┌─────────┐
           │ スタート │
           └────┬────┘
                ▼
    ┌───────────────────────────┐
    │ 回折パターンの測定回折図形（記録紙）│
    └─────────────┬─────────────┘
                  ▼
    ┌───────────────────────────┐
    │ 回折角（2θ）を読みとり，d-2θ表を用いてd値│
    │ を求める．                 │
    └─────────────┬─────────────┘
                  ▼
    ┌───────────────────────────┐      ┌──────────────────────┐
    │ FinkまたはHanawalt Indexで，最強線と次│◀────│ なければ，最強線と第3強│
    │ に強度の大きい回折線のd値が同時にマッチ│      │ 線とのd値がマッチする結│
    │ する物質（結晶）を探す（0.01Å誤差を許す）．│────▶│ 晶を探す．見つかるまでこ│
    └─────────────┬─────────────┘      │ れをくり返す．        │
                  ▼                     └──────────────────────┘
    ┌───────────────────────────┐
    │ d1, d2, d3 について合致すれば，測定回折線│
    │ の強度とIndexに掲載の強度とを比べる．│
    └─────────────┬─────────────┘
                  ▼
    ┌───────────────────────────┐
    │ 強度的にも満足できれば，JCPDSカード番号│
    │ から対応する結晶のすべての回折線のd値と│
    │ 相対強度の値を，データカードのものと比較│
    │ する．                     │
    └─────────────┬─────────────┘
                  ▼                     ┌──────────────────────┐
    ┌───────────────────────────┐      │ 混合物の可能性がある．こ│
    │ 測定回折線がすべてデータカードとよく一致│◀────│ のときは残りの回折線につ│
    │ すれば，同定は完成．       │      │ いて，同じ操作をくり返す．│
    └─────────────┬─────────────┘      └──────────▲───────────┘
                  ▼                                │
           ┌─────────┐              ┌──────────────┴─────────┐
           │ 終わり  │◀─────────────│ 同定できない回折線がある．│
           └─────────┘              └────────────────────────┘
```

最新の回折装置では，制御コンピューターが，回折図形はCRT上に描き，角度を自動的に読みとりd値をCRTに表示する．また，データファイルを記憶内蔵している装置では，回折線のd値の許容誤差に依存するが，同定操作を自動的に行い，可能性の高い数個の物質を検索し表示してくれる．

10.6 表面層からのX線回折（薄膜X線回折）

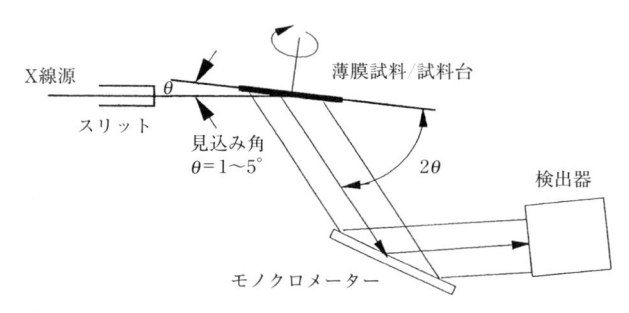

図10.7 薄膜回折装置のX線光学系．X線が薄膜試料により回折されて検出器に入る様子

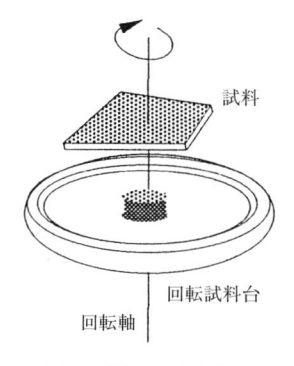

図10.8 試料台

金属の厚円板の中央を皿状にくりぬいてある．測定したい試料面を上に向けて，油粘土などで試料を固定する．

通常の粉末回折は，ゴニオメーター上で試料 θ 軸と検出器 2θ 軸を同時に回転させる．よって，試料面に対するX線の入射角は通常 $5°(=\theta)$ 以上である．この場合，試料の厚みが 1 μm 以上ないと回折線の検出がむずかしい．しかし，薄膜回折装置を用いると，0.01 μm の厚みの薄膜状試料からの回折X線が検出できる．これによって，極表面層に存在する結晶性物質の同定が可能となる．

薄膜装置では，試料 θ 軸は固定し検出器 2θ 軸のみ回転させる．回転試料台に取り付けた試料は台ごと水平軸回りに回転させて，均一にX線が当たるように工夫してある．

10.7 単結晶によるX線回折と結晶構造解析の原理

1) X線が点としての原子から回折されるとする考え方

各逆格子点における回折X線の強度 I_{hkl} は，構造因子とよばれる F_{hkl} により，

$$I_{hkl} \propto F_{hkl}^{2}$$

$$F_{hkl} = \Sigma f_j \exp\{2\pi i(hx_j + ky_j + lz_j)\} \quad (j：すべての原子)$$

と表すことができる．ここに，f_j は原子散乱因子であり，$(x_j\ y_j\ z_j)$ の位置にある各原子のX線の散乱能を表す．

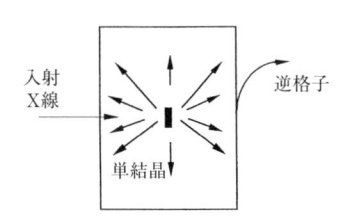

図10.9 単結晶からの回折X線は結晶を原点とする逆格子点の位置にのみ検出できる．

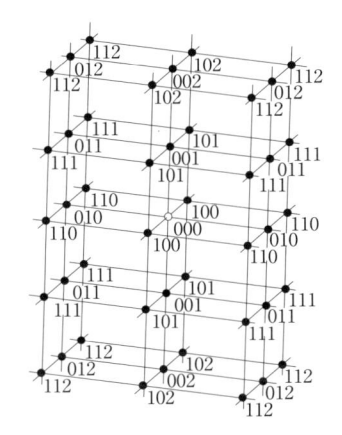

図10.10 逆格子の例．斜方格子に対するもの
［野田春彦，生物物理化学，p.18，東京化学同人（1990）］

F_{hkl}を逆フーリエ変換すれば，$(x_j\ y_j\ z_j)$がわかる．

2) X線がある大きさをもつ原子から回折されるとする考え方（原子の大きさは核をとりまく電子の分布により決まるとする）

このときは，構造因子F_{hkl}は電子密度$\rho(r)$と散乱ベクトルSによって，

$$F_{hkl} \propto \int \rho(r) \exp(2\pi i (S \cdot r)) dr$$

と表すことができる．

逆フーリエ変換により$\rho(r)$を求めると，実空間での電子密度分布を導くことができる．原子核は，密度分布の極大の位置にあることはいうまでもない．したがって，結晶構造解析は，できるだけ多くの逆格子点における回折X線の強度を，いかに迅速にかつ正確に測定するかの技術であるといえる．

構造因子F_{hkl}は複素数なので，強度$\propto F^2 = F \cdot F^*$とすると，$F$を$|F|e^{i\phi}$でおきかえても同じ結果が得られる（$e^{i\phi} = \cos\phi + i\sin\phi$）．つまりこの$\phi =$（位相）が重要である．

10.8 単結晶から回折X線の測定

1) 4軸ゴニオメーター

図10.11は4軸ゴニオメーターの模式図である．4軸型回折装置では，中心のCにおいた単結晶試料をϕ，χ，ω軸とよぶ回転軸の周りに回転させる．同時にX線検出器（普通，シンチレーションカウンターとよばれる装置）に，2θ軸の周りを回転させる（2θ軸とω軸は同じz軸方向．ϕ軸はχ軸の回転によりz軸に対して傾く）．こうして，

10章　X線回折

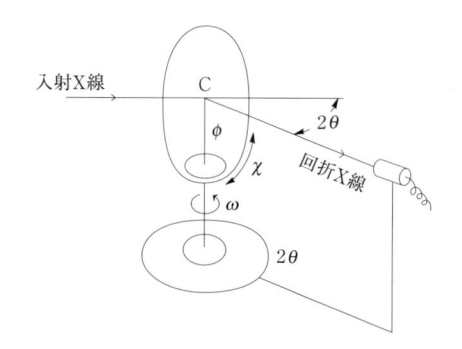

図10.11　4軸ゴニオメーター付きX線回折装置(4軸型回折装置)
［理学電機株式会社分析センター「X線回折の手引」より改変］

逆格子点を探して回折強度を測定する．弱い回折線，高次（ブラッグの式でnの大きい回折）も正確に測定するため，X線発生装置は，回転対陰極型を用いたり，さらに強力なSR光X線（シンクロトロンからのX線）を用いる．

軽元素からなる有機物質では，X線の照射により結晶が破壊されることがある．したがって，迅速な測定の工夫が必要（強いX線と半導体検出器）となる．

2) イメージングプレート検出器

白色(連続波長分布の)X線を単結晶に入射すると，ラウエ(Laue)斑点とよばれる多数の回折がフィルム上に観察できる．この回折図は，通常，結晶の軸方位を決めるのに用いられるが，後述のように構造解析にも利用できる．しかし，単色化X線の場合は，きわめて少数の回折点のみが得られる．そこで，結晶を少しずつ歳差回転運動させていろいろな方位で回折を起こさせ，結晶と連動歳差運動する2次元半導体検出器（イメージングプレート，IP)上に逆格子像を写しとり，それら回折斑点の位置と強度を測定する（プリセッションカメラの原理).

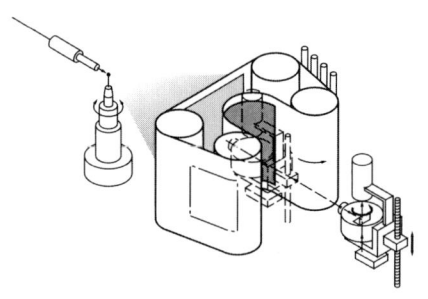

図10.12　プリセッションカメラの原理
［株式会社リガク，R-AXIS Series 理学/イメージングプレートX線回折装置カタログより引用，図10.13も同］

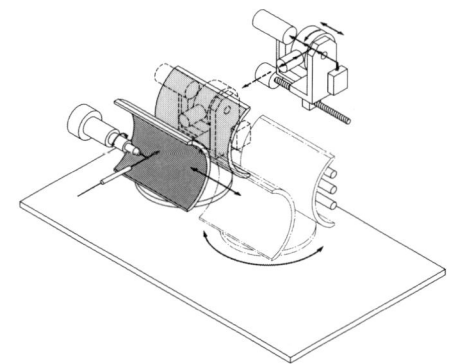

図10.13　ワイセンベルグ(Weissenberg)カメラの原理

図10.12は，露光と読みとりが効率よく実行できる回転式のIPを用いた装置の摸式図である．また，円筒型のIPを露光と読みとりのため2枚備えた装置も知られている（図10.13）．

10.9　単結晶による構造解析の手順

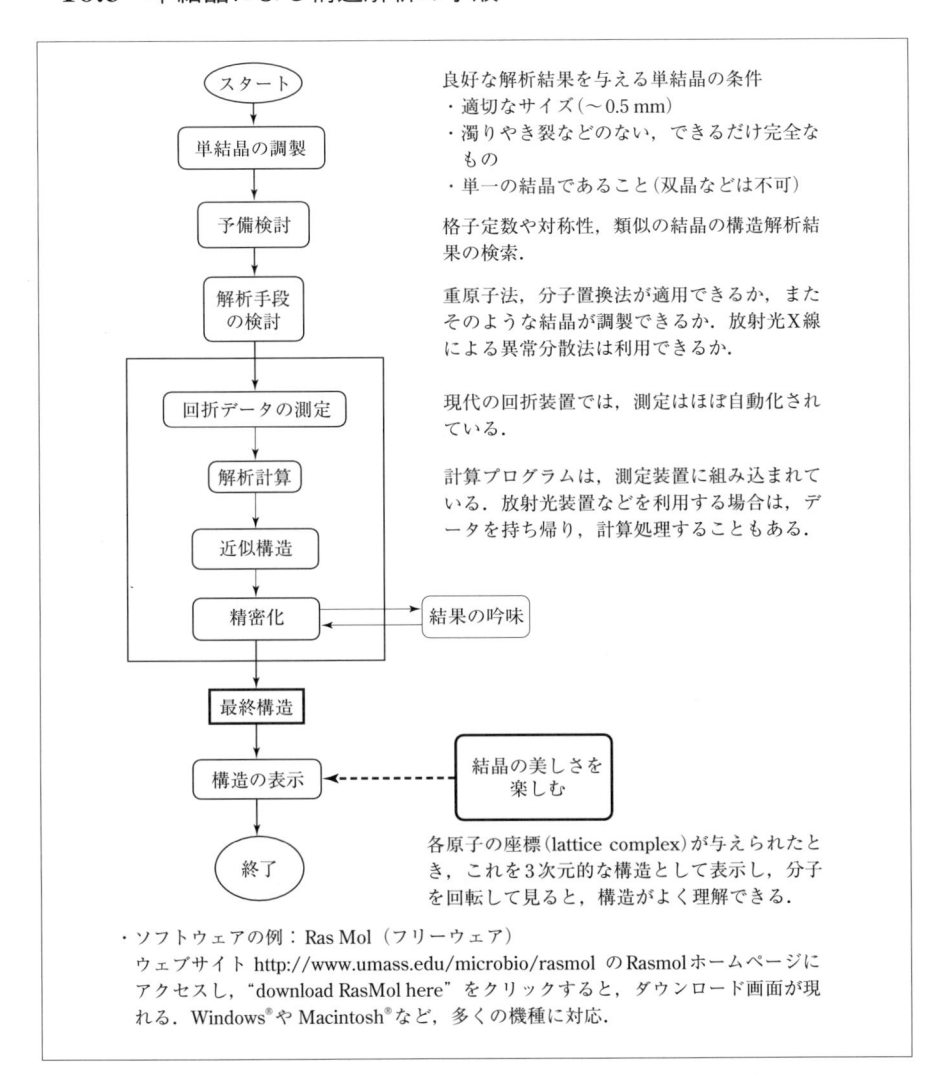

```
スタート
  ↓
単結晶の調製        良好な解析結果を与える単結晶の条件
  ↓                ・適切なサイズ（～0.5 mm）
予備検討            ・濁りやき裂などのない，できるだけ完全な
  ↓                  もの
解析手段            ・単一の結晶であること（双晶などは不可）
の検討
                   格子定数や対称性，類似の結晶の構造解析結
  ↓                果の検索．
回折データの測定
                   重原子法，分子置換法が適用できるか，また
  ↓                そのような結晶が調製できるか．放射光X線
解析計算            による異常分散法は利用できるか．
  ↓
近似構造            現代の回折装置では，測定はほぼ自動化され
  ↓                ている．
精密化 ←─── 結果の吟味
                   計算プログラムは，測定装置に組み込まれて
  ↓                いる．放射光装置などを利用する場合は，デー
最終構造            タを持ち帰り，計算処理することもある．
  ↓
構造の表示 ←─── 結晶の美しさを
  ↓              楽しむ
終了
                   各原子の座標（lattice complex）が与えられたと
                   き，これを3次元的な構造として表示し，分子
                   を回転して見ると，構造がよく理解できる．
```

・ソフトウェアの例：Ras Mol（フリーウェア）
　ウェブサイト http://www.umass.edu/microbio/rasmol のRasmolホームページにアクセスし，"download RasMol here"をクリックすると，ダウンロード画面が現れる．Windows®やMacintosh®など，多くの機種に対応．

10.10 放射光装置からのX線を用いる方法（ラウエ法，異常分散法）

通常の回折装置では，波長のわかったX線を用いて，ブラッグの条件に合う回折を回折角度を未知数として測定していく．一方，白色X線には，すべての逆格子点に対応する斑点（ラウエ斑点）を与える波長がかならず存在する．このように考えると，単結晶によるラウエ斑点をごく短時間で精度よく測定できれば，壊れやすい有機系結晶の構造解析には有効である．放射光装置からは，回転対陰極型の発生装置とは比べものにならない，きわめて強いX線が取り出せるので，この目的のX線源として適している．

図10.14 ラウエ斑点の測定例
［平山令明，生命科学のための結晶解析入門―タンパク質結晶解析のためのてびき―, p.135, 丸善(1996)］

X線も可視光などと同じように，原子により吸収される．そのもっとも強く吸収される原子に特有の波長を，その原子のX線吸収端という．吸収端に近い波長のX線をその原子に照射すると，異常分散（散乱）とよばれる現象がみられる（通常のものは正常散乱という）．この異常散乱X線を利用すると，多数の重原子置換型結晶を調製することなく位相情報が得られるので，構造解析が容易になる．放射光装置からはどのような波長のX線でも取り出せるので，異常分散法には有利である．

10.11 タンパク質データバンク(**PDB**)について

ICDD - JCPDSが有機-無機化合物のデータをPowder Diffraction File (PDF) ファイルとしてデータベース化しているのと同様に，Research Collaboratory for Structural Bioinformatics（米国，www.rcsb.org./pdb/）が，タンパク質の構造データをProtein Data Bank (PDB) に蓄積している．これには核酸や炭水化物なども含まれている．

データは，ウェブサイト http://www.genome.ad.jp にアクセスしてから，DBGETを選択し，次の画面でPDBを選択すると，PDBのサーチ画面が現れる．タンパク質の名称などで検索していくと，アクセスできる．

また，データをダウンロードすれば，Rasmolなどで分子の状態をビジュアルに観察したり楽しむことができる．

11章　マススペクトロメトリー

マススペクトロメトリー(mass spectrometry, MS, 質量分析法)により，わずかな量の試料(f mol～n mol量)で，高感度にその分子量や分子構造に関する情報を得ることができる．近年のマススペクトロメーター(mass spectrometer, MS, 質量分析計)の急速な発展により，小分子有機化合物の構造解析から，分子量数万以上に及ぶタンパク質や核酸など生体高分子の直接分析が可能となり，化学・物理学から生化学・医学・薬学分野へと応用範囲が広がっている．本章では近年バイオ系へと範囲が広がった質量分析法について，原理と応用例について紹介する．

質量分析計に共通する基本構成は，①試料をイオン化し，生成したイオンを質量分析部に加速導入するイオン源，②イオンをm/z(mはイオンの質量，zはイオンの電荷)に基づいて分離する質量分析部，③分離されたイオンを検出するイオン検出部からなる．

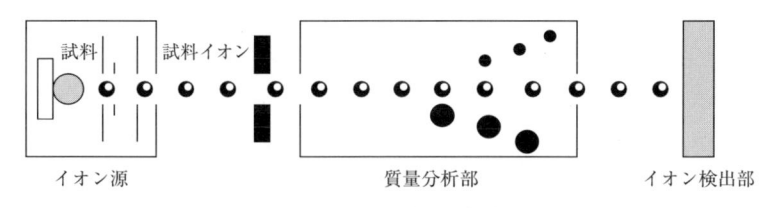

図11.1　質量分析計の模式図

11.1　マススペクトル

マススペクトルは，横軸にイオンのm/z値を，縦軸に検出したイオンの量を相対強度(%)で表す．分子イオンピーク，同位体イオンピーク，フラグメントイオンピーク，基準ピークが観測される(図11.2)．

1) 分子イオンピーク

試料の分子量に関する情報を与えてくれるピークである．分析法により，ポジティ

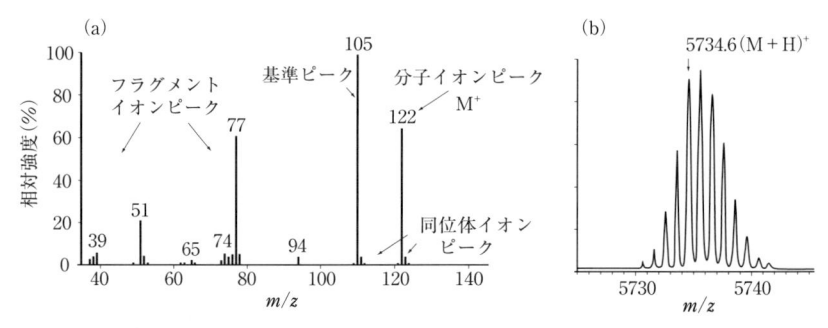

図11.2 (a) マススペクトルの例(安息香酸)と各種イオンピーク EI-MS, (b) ウシインスリンの同位体イオンピーク分離, MALDI-TOFMS(分解能10,000)(略号は表11.1と表11.2を参照)

ブイオンM^+, ネガティブイオンM^-, プロトン付加イオン$(M+H)^+$, プロトン脱離イオン$(M-H)^-$や, Na^+, K^+付加イオン$(M+Na)^+$, $(M+K)^+$, 多価イオン$(M+nH)n^+$などとして観測される.

2) フラグメントイオンピーク

試料のイオン化の際や分析部内で, 原子または原子団が脱離し, 分解(開裂)した低質量のイオンのピークをフラグメントイオンピークという. とくに, イオン源で生成した分子イオンが, イオン源を出たあとに飛行中に開裂したイオンをメタステーブルイオン(準安定イオン)ともいう. これら親イオン(プリカーサーイオン)の開裂の結果生成したプロダクトイオンは, 11.4節で述べるMS/MS分析により分子の内部構造に関する情報を与える.

3) 同位体イオンピーク

分子を構成する各元素には^2H, ^{13}C, ^{15}N, ^{18}Oなどの同位体が存在するため, 分子イオンやフラグメントイオンピークの周辺に同位体イオンピークが観測される. 同位体イオン間の質量は, 1マス単位ずつ異なるので, タンパク質など高分子での同位体イオンピークの分離には, 高い分解能を必要とする(図11.2).

4) 基準ピーク

表示されたマススペクトルにおいて, イオン量(縦軸)のもっとも大きいピークのことを基準(ベース)ピークという. マススペクトルの縦軸は, 基準ピークを100%とした相対強度(%)で表す.

5) 分解能

近接する2つのイオンピークを分離する能力を表す. 磁場型質量分析計の場合, 図11.3に示すように, Mと$M+\Delta M$の2つのピークの重なりが10%のときの分解能$R =$

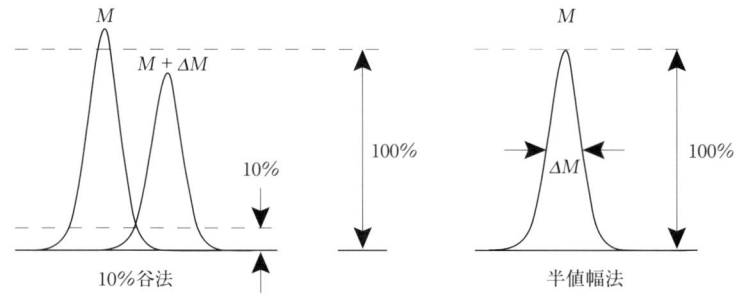

図 11.3 マススペクトルの分解能

$M/\Delta M$ で表す.たとえば分解能 10,000 の場合,m/z 500 と 500.05 あるいは 10,000 と 10,001 の 2 本のピークを分離できることを示す.四重極型や飛行時間型の質量分析計の場合,ピークの半値幅による分解能が用いられる.ピーク高が半分でのピーク幅を ΔM とし,$R = M/\Delta M$ で表す.半値幅法では,10％谷で定義する分解能のおよそ 2 倍の値になる.

11.2 マススペクトロメーター（質量分析計）

1) イオン源

試料分子の質量分析を行うためには,まず分子をイオン化させなければならない.

表 11.1 種々のイオン化法

イオン化法	略称	原理と特徴
電子イオン化	EI	ガス状試料に熱電子ビームを照射する.揮発性の高い試料が必要.M^+, M^- 検出.フラグメント化しやすい.低分子.GC/MS
高速原子衝撃	FAB	試料を液体マトリックス（グリセロールなど）と混合し,高速原子（キセノンなど）を照射する.$(M+H)^+$, $(M-H)^-$, $(M+Na)^+$ 検出,フラグメントイオン.低〜中分子
2 次イオン MS	SIMS	試料を液体マトリックス（グリセロールなど）と混合し,高速イオン（キセノンイオンなど）を照射する.$(M+H)^+$, $(M-H)^-$, $(M+Na)^+$ 検出,フラグメントイオン.低〜中分子
エレクトロスプレーイオン化	ESI	試料溶液を大気圧下,高電圧印加したキャピラリーを通じて噴霧する.多価イオン $(M+nH)^{n+}$ を分析する.低〜生体高分子のイオン化が可能.LC/MS (p.108 参照)
大気圧化学イオン化	APCI	試料溶液を大気圧下,加熱噴霧しコロナ放電する.低分子.$(M+H)^+$, $(M-H)^-$ 検出.LC/MS
マトリックス介助レーザー脱離イオン化	MALDI	試料とマトリックス（シナピン酸など）を混合した固体試料に,パルスレーザー（337 nm など）を照射する.$(M+H)^+$, $(M-H)^-$, $(M+Na)^+$, $(M+2H)^{2+}$ 検出.低〜生体高分子のイオン化が可能

表11.1に示すように，いろいろなイオン化法が開発されている．試料分子の分子量，電荷，極性，揮発性などの違いにより，イオン化の効率が異なり，適当なイオン化法を選択する必要がある．バイオ分子を対象とした測定において，ひんぱんに用いられるイオン化法について原理図を示す（図11.4）．

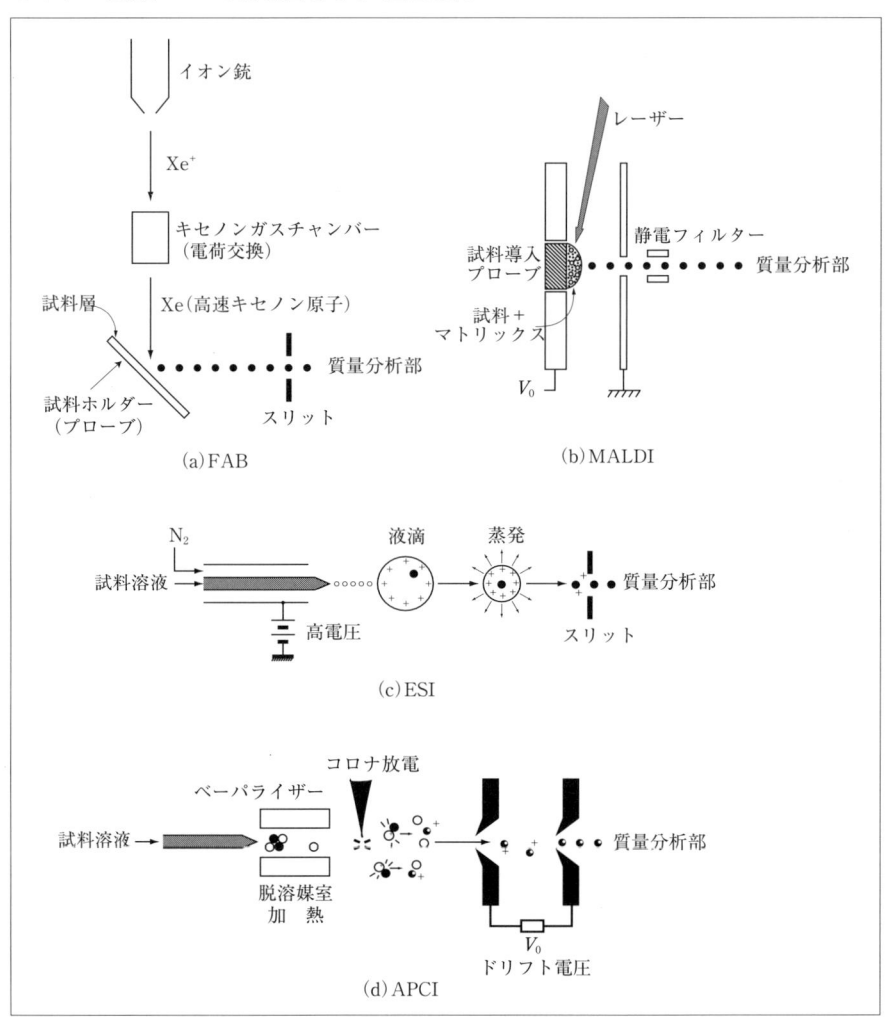

図11.4 各種イオン化法の原理（(a)～(d)のタイトル略号は表11.1を参照）
［丹羽利充編著，最新のマススペクトロメトリー—生化学・医学への応用，化学同人（1995）より改変］

2) 質量分析部

質量分析部では，イオン源で発生させたイオンをその電磁気的性質を利用して，m/z にしたがい分離する．磁場型，四重極型，飛行時間型，イオントラップ型，フーリエ変換型などがある（表11.2）．原理図を図11.5に示す．

表 11.2 種々の質量分析計

質量分析計	略称	原理と特徴
二重収束磁場型	EBMS BEMS	曲率をもつ電場・磁場を用いてイオンを速度・方向収束させ，イオンを角運動の差により分離．EI, FAB, ESI, APCI, SIMS．高分解能 MS．タンデム MS/MS(p.109参照)．QMSとのハイブリッド MS/MS．
四重極型	QMS	4本の平行電極(四重極電極)に直流と高周波交流を重ね合わせた電圧をかけ，電極間でのイオンの振動数の違いにより分離．ESI, APCI．タンデム MS/MS．
飛行時間型	TOFMS	真空管中での飛行時間の違いによりイオンを分離．MALDI．リフレクターでの MS/MS 可能．
イオントラップ型	ITMS	エンドキャップ電極とリング電極(四重極電極)にイオンをトラップし，振動数の違いにより分離．単独で MS/MS, MS^n 可能．ESI, APCI．
フーリエ変換型	FTMS	超伝導磁場と直行する高周波電場中でのサイクロトロン共鳴現象を利用して，周波数の違いによりイオンを分離．高分解能．単独で MS/MS, MS^n 可能．すべてのイオン化法に対応．

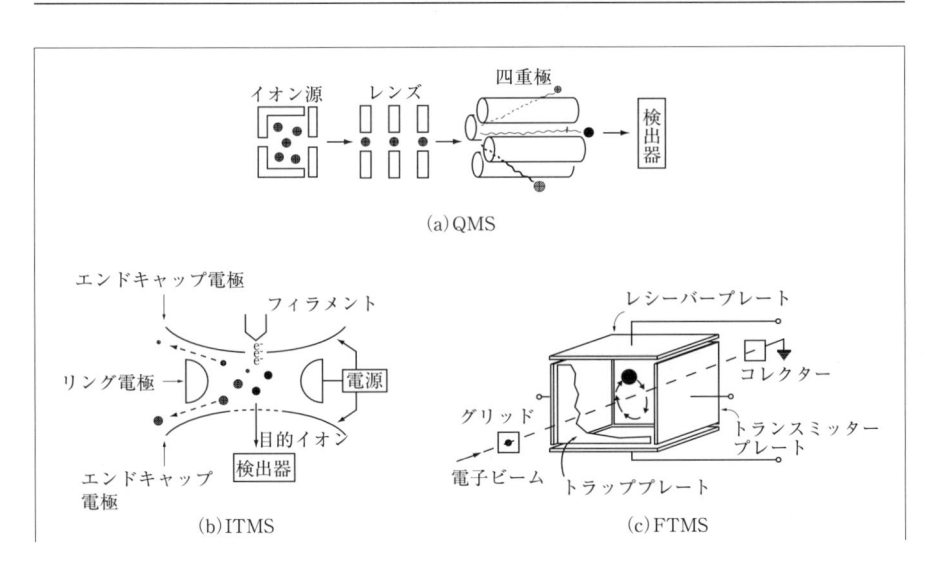

(a) QMS

(b) ITMS

(c) FTMS

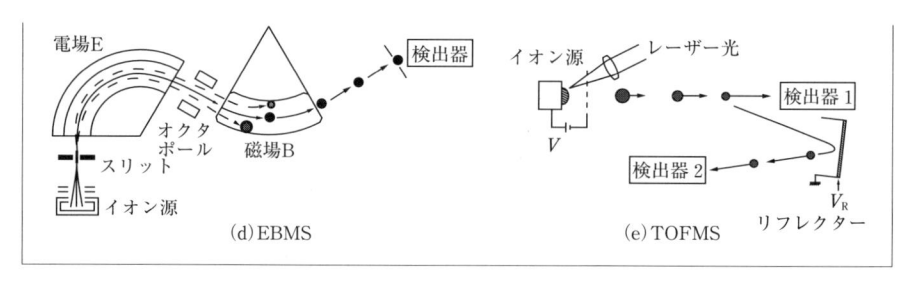

11章 マススペクトロメトリー

(d) EBMS

(e) TOFMS

図 11.5 各種質量分析法の原理((a)～(e)のタイトル略号は表11.2を参照)
［丹羽利充編著, 最新のマススペクトロメトリー——生化学・医学への応用, 化学同人(1995)より一部改変を含む］

11.3 バイオ系への応用例

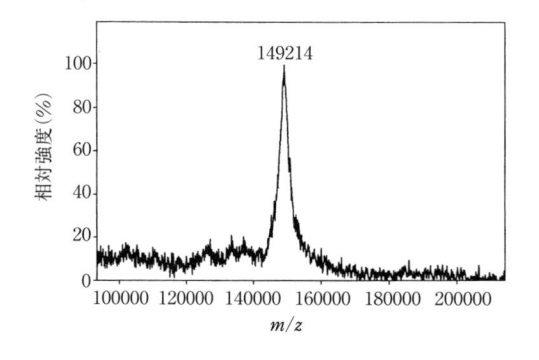

図 11.6 免疫グロブリンGのMALDI-TOFMS ［PE Biosystems社資料より引用］

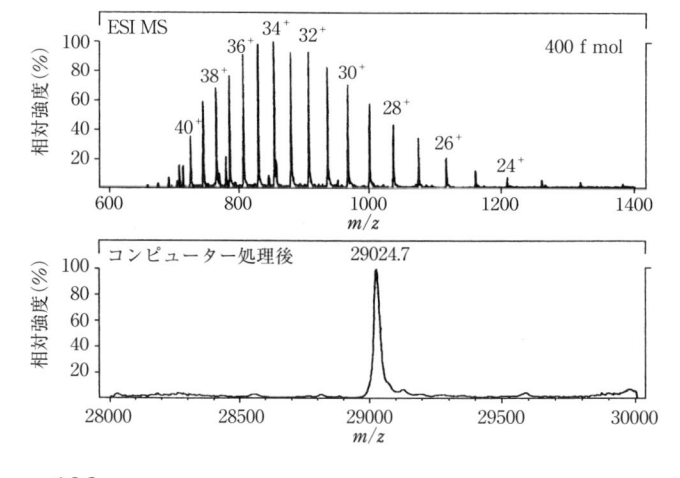

分子量10万以上のタンパク質の分析も可能

図 11.7 カルボニックアンヒドラーゼのESI-QMS ［サーモクエスト社資料より引用］

多価イオン(24^+～40^+)ピークのコンピューター解析から分子量が計算される

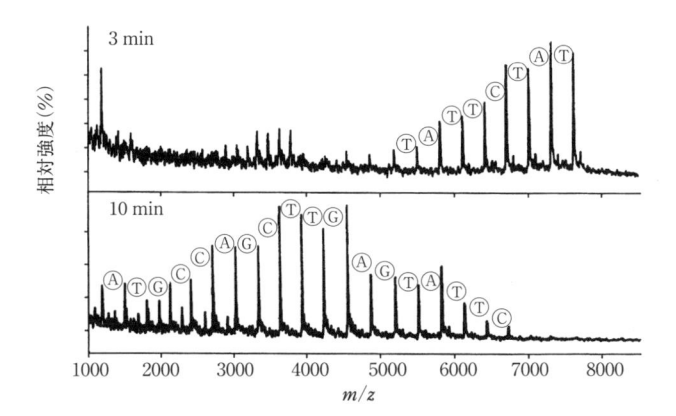

11.3 バイオ系への応用例

高分子量の核酸の直接分析や配列の解析が可能

図 11.8 DNA 25mer を 3′-エキソヌクレアーゼ処理した反応液の MALDI-TOFMS（負イオン）
［PE Biosystems 社資料より引用］

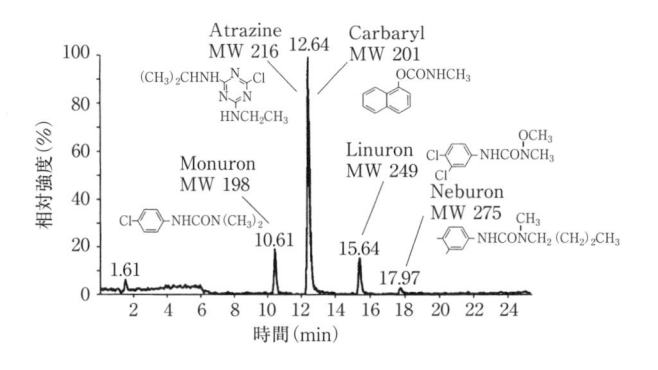

HPLC に連結した ESI-ITMS により化合物の分離と分子量による同定を短時間で行うことができる（MW は分子量）

図 11.9 ESI-LC/ITMS による環境水中の農薬の分析
［サーモクエスト社資料より引用］

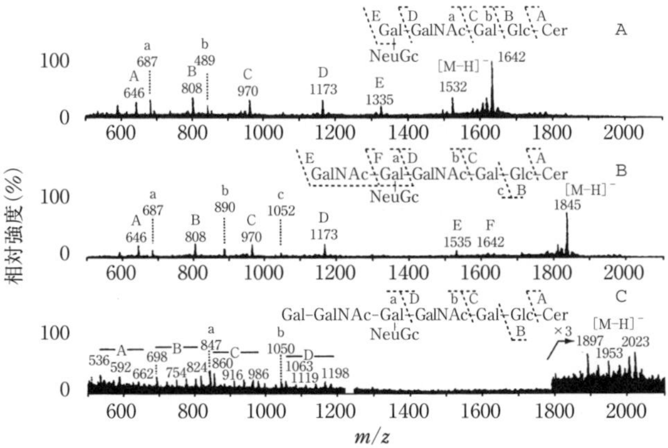

フラグメントイオンピークが糖鎖配列に関する情報を与える

図 11.10 マウスひ臓から単離したガングリオシドの FABMS（負イオン）
［鈴木寛, 大橋陽子, 鈴木明身, 糖鎖工学, p. 440, 産業調査会バイオテクノロジー情報センター（1992）］

11.4 応用マススペクトロメトリー

1) 高分解能マススペクトロメトリー（HRMS）

電子イオン化（EI）法や高速原子衝撃（FAB）法と二重収束磁場型質量分析計を組み合わせた装置で，HRMS（high resolution mass spectrometry）を行うことにより，イオンの精密質量（ミリマス）を測定し，試料分子の元素組成を決定することができる．$^{12}C = 12.000000$ とした場合，ほかの同位体元素の精密質量は整数値ではなく，試料イオンの精密質量も整数値にはならない（表11.3）．したがって，イオンの質量を小数点以下4けたまで測定することにより，試料分子の元素組成を求めることができる．

表11.3　元素の同位体の質量と天然存在比

元素	精密質量	天然存在比(%)	元素	精密質量	天然存在比(%)	元素	精密質量	天然存在比(%)
^{1}H	1.007825	99.985	^{19}F	18.998403	100	^{36}S	35.967079	0.02
^{2}H	2.014102	0.015	^{23}Na	22.989770	100	^{35}Cl	34.968853	75.77
^{12}C	12.000000	98.90	^{28}Si	27.976928	92.23	^{37}Cl	36.965903	24.23
^{13}C	13.003355	1.10	^{29}Si	28.976496	4.67	^{39}K	38.963708	93.2581
^{14}N	14.003074	99.634	^{30}Si	29.973772	3.10	^{40}K	39.963999	0.0117
^{15}N	15.000109	0.366	^{31}P	30.973763	100	^{41}K	40.961825	6.7302
^{16}O	15.994915	99.762	^{32}S	31.972072	95.02	^{79}Br	78.918336	50.69
^{17}O	16.999131	0.038	^{33}S	32.971459	0.75	^{81}Br	80.916290	49.31
^{18}O	17.999159	0.200	^{34}S	33.967868	4.21	^{127}I	126.904477	100

2) 液体クロマトグラフィー/マススペクトロメトリー（LC/MS）

生体試料など一般に熱に不安定で，難揮発性の物質の混合物を高速液体クロマトグラフィー（HPLC）で分離し，分離された物質を直接質量分析する方法をLC/MSとい

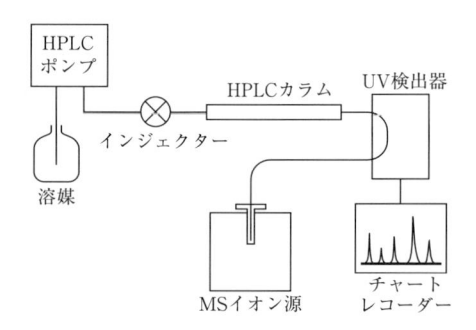

図11.11　LC/MSの装置模式図

う(図11.11).LCから溶出してきた試料溶液を,大気圧下でイオン化可能なESI法やAPCI法と組み合わせた装置(ESI-LC/MS,APCI-LC/MS)が一般的である.金属メッシュ(フリット)を用いたFAB-LC/MSも市販されている.混合試料の分離・同定が短時間に可能であるので,血清や尿などの抽出物分析や排水などの環境分析に威力を発揮する.

3) タンデムマススペクトロメトリー(MS/MS)

2台の質量分析計を組み合わせて,第1MSでプリカーサーイオンを分析し,プリカーサーイオンから衝突解離(collision-induced dissociation, CID)により生じたフラグメントイオンを第2MSで分析する方法をMS/MS法という.フラグメンテーションのパターンから,分子構造に関する情報を得ることができる.MS/MS装置としては,二重収束磁場型質量分析計を連結した4セクター型質量分析計やトリプル四重極型質量分析計がある(tandem-in-space MS/MS)(図11.12).また,イオントラップ型質量分析計やフーリエ変換型質量分析計では,1つの質量分析計内で時間の経過とともに連続したMSをn回($n = 2 \sim 10$)行うことができる(tandem-in-time MS/MS).リフレクター型飛行時間型装置でもMS/MSが可能なものがある.

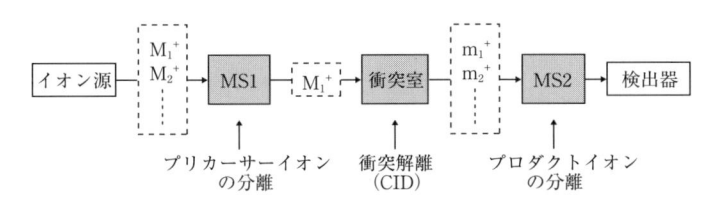

図11.12 tandem-in-space MS/MSの装置模式図
[丹羽利充編著,最新のマススペクトロメトリー──生化学・医学への応用,p.50,化学同人(1995)]

マススペクトロメトリーは最近の急速な発展により,タンパク質などの生体高分子の微量・高精度分析を可能にし,バイオ系に必須の分析機器となった.さらに近年では,分子量やアミノ酸配列などの静的構造だけでなく,タンパク質-タンパク質間の相互作用や,タンパク質の立体構造などの動的構造の違いを検出することも可能になってきた.環境分析や疾病分析などへの応用や微量生体分子間反応の分析など,生命科学分野への貢献度は増大する一方である.

12章 酵素免疫測定法

 酵素免疫測定法(enzyme immunoassay, EIA)は，酵素を標識として用い，抗体抗原反応を利用した測定法の総称である．抗体抗原反応は特異的にかつ高感度に進行するため，血液のような複雑な組成の試料から対象物を選別し，定量できる．その高い感度と特異性により，生化学的あるいは臨床的に興味ある物質の測定法として広範囲に利用されている．本章では酵素免疫測定法の原理と，バイオ分野での応用例について解説する．

12.1 標識酵素

 EIAの感度は標識酵素によって左右される．標識酵素に適する条件として，種々の条件下で安定であること，高感度で検出できることなどが重要である．標識には，チオール基とマレイミド基の反応，ピリジルジスルフィド基とチオール基の反応，アミノ基とアルデヒド基の反応などが用いられる．

表12.1 EIAに利用される酵素の例

酵 素	分子量	感度 比色法	感度 蛍光法	備 考
西洋ワサビペルオキシダーゼ	40,000	10^{-17} mol	10^{-18} mol	NaN_3 で失活
大腸菌 β-ガラクトシダーゼ	530,000	低い	10^{-21} mol	
ウシ小腸アルカリホスファターゼ	100,000	10^{-18} mol	10^{-18} mol	化学修飾で30〜50%失活

12.2 サンドイッチ法による抗原の測定

 抗原を測定する非競合的EIAはサンドイッチ法とよばれる．抗体を固定化したウェ

ルに，測定すべき抗原，酵素標識抗体を順次加え，結合した酵素活性を測定する(図12.1(a))．酵素標識抗体は，ビオチン化抗体と酵素標識アビジンにおきかえることもできる(図12.1(b))．

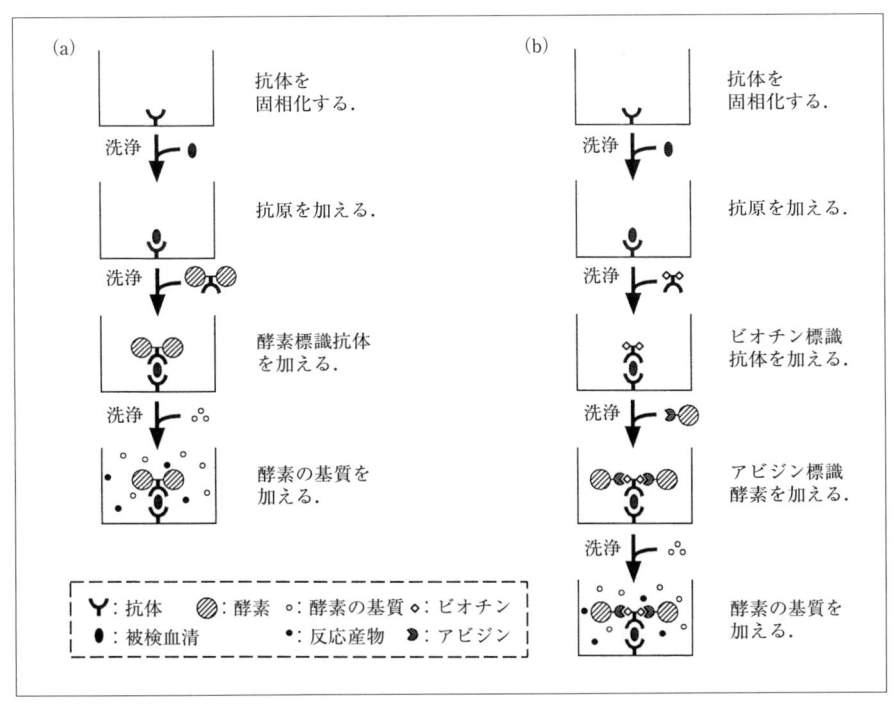

図12.1 サンドイッチ法による測定

12.3 TNFの測定例

サンドイッチ法により，TNF(tumor necrosis factor, 腫瘍壊死因子)を定量した．標識酵素として西洋ワサビペルオキシダーゼを，発色剤にo-フェニレンジアミンを用いて，比色法により検出した．

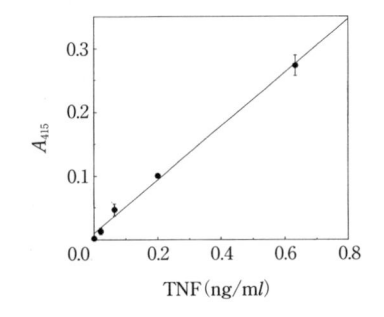

12.4 間接法による細胞表層抗原の測定

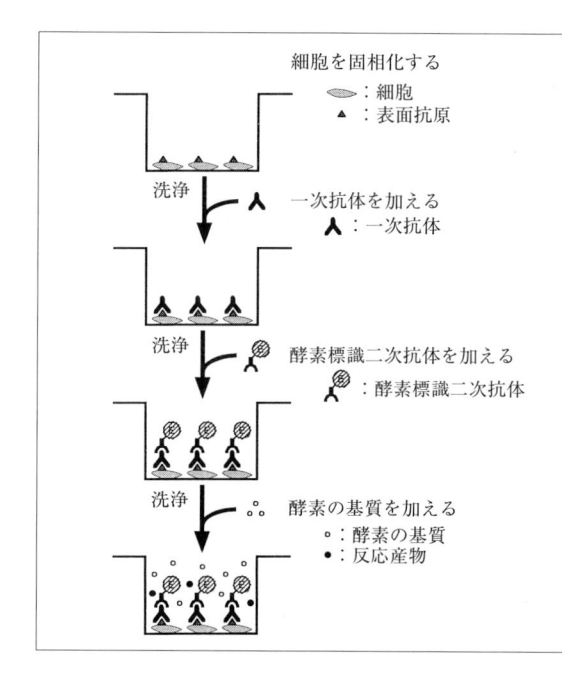

抗体をそのつど酵素標識する手間を省くために，一次抗体を認識する酵素標識二次抗体を用いる間接法が用いられることが多い．細胞表層抗原の測定を例にあげると，まず細胞をウェルに固定し，一次抗体，酵素標識二次抗体を順次加え，結合した酵素活性を測定する．間接法の変法として，ビオチン-アビジン法，プロテインA法などがある．

12.5 ICAM-1の測定例

細胞表面に発現したICAM-1 (intercellular adhesion molecule-1) を間接法により測定した．西洋ワサビペルオキシダーゼで標識した二次抗体と，発色剤にo-フェニレンジアミンを用いて，比色法により検出した．黄色の発色がみられるウェル(図12.2では濃く見えるウェル)が，ICAM-1が発現している細胞を示している．

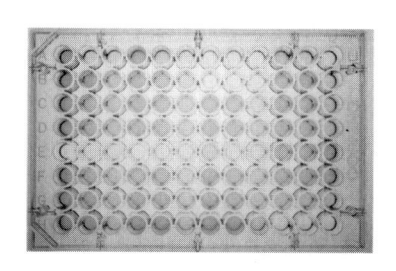

図12.2 ICAM-1の測定例

13章　フローサイトメトリー

フローサイトメトリー(flow cytometry)とは，細胞を水流に乗せて1個ごとに測定する蛍光測光法のことである．フローサイトメーター(flow cytometer)は，細胞を水流に乗せるためのフローシステムと蛍光測光に関係した光学系より構成される．おもにDNA量の測定による細胞周期解析と，抗体による細胞表面マーカー解析に用いられてきたが，最近ではその用途が広がってきており，臨床検査の分野でも応用されるようになってきている．本章ではフローサイトメーターの構成と作動原理，バイオ分野での応用例について解説する．

13.1　前方散乱光と側方散乱光

1～10°の低角度に散乱する光を前方散乱光(forward scatter, FSC)とする．FSCは細胞の表面積に散乱光強度が比例し，FSCの値は細胞の大きさを表すと考えられる．高角度に屈折または反射する光を側方散乱光(side scatter, SSC)とする．SSCは細胞内の顆粒や構造に由来し，SSCの値は細胞の内部構造の複雑さを表すと考えられる．

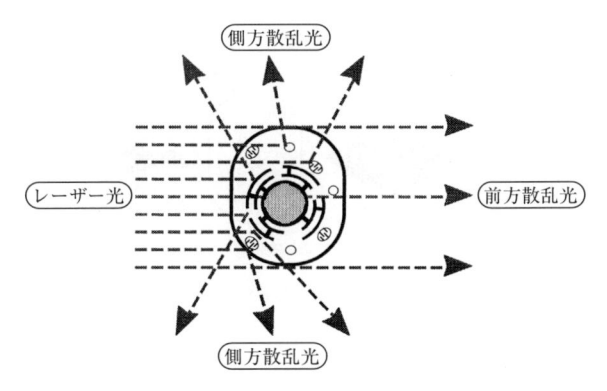

図13.1　前方散乱光と側方散乱光

13.2 FACSの光学系システム

　散乱光や蛍光は，レンズや光学フィルターを通過して特定の波長の光のみがそれぞれの検出器に導かれる．前方散乱光の検出にはフォトダイオード，側方散乱光および蛍光シグナルの検出には光電子増倍管（photomultiplier）が用いられる．各検出器は，試料細胞がレーザーを横切ったときに発生する光信号を検出し，その強さに比例した電圧パルスに変換する．図13.2にFACS（fluorescence-activated cell sorter, 蛍光標示式細胞分取器）の光学系システムを示す．

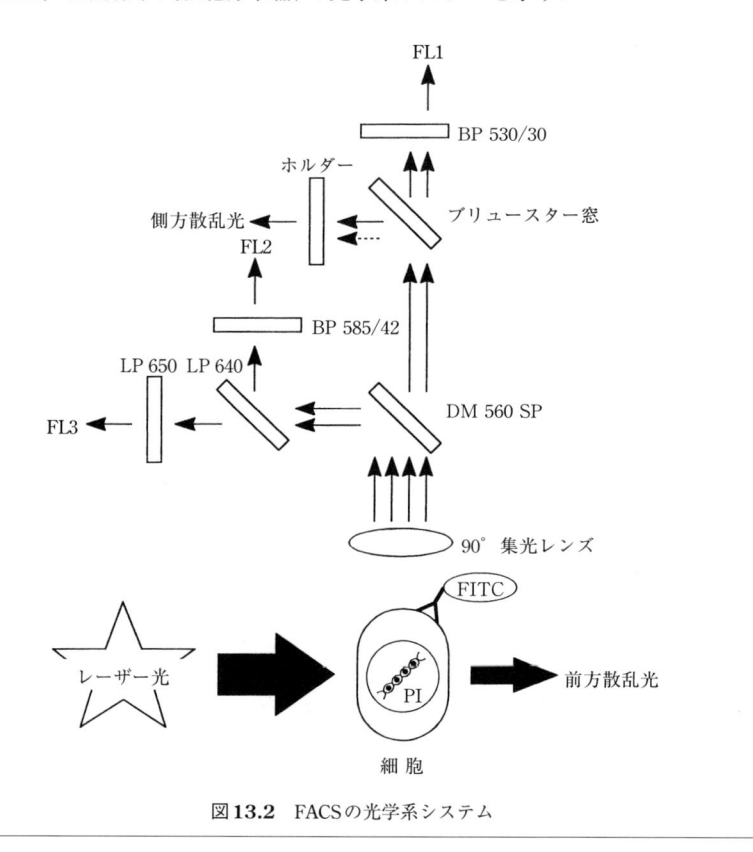

図13.2　FACSの光学系システム

13.3 光学フィルター

FACSの光学系システム(図13.2)に使用されるロングパス(LP)フィルターは，ある一定の波長よりも長い波長の光を透過する．たとえば，LP500フィルターは500 nm以上の光を透過する．500 nmの光の透過率は50%である．同様にショートパス(SP)フィルターは，ある一定の波長よりも短い波長の光を透過する．バンドパス(BP)フィルターは，ある特定の範囲の波長の光のみを透過する．BP500/50フィルターは，500 nmを中心にして50 nmの幅の範囲の波長の光，つまり475～525 nmの範囲の波長の光を透過する．LPフィルター，SPフィルターは，光を波長によって反射させることもできる．このようなフィルターをダイクロイックミラーという．

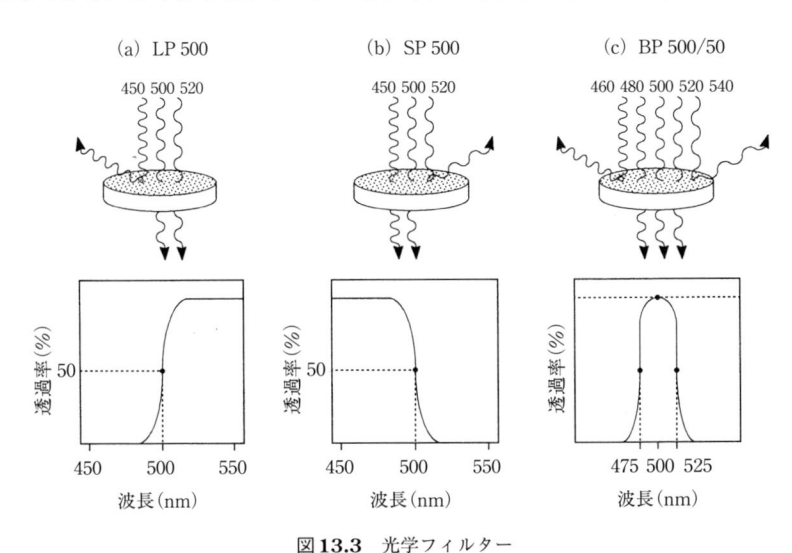

図13.3 光学フィルター

13.4 FACSの流路系

流体系は，試料細胞をできるだけ等間隔に流すように設計されている．試験管内の細胞浮遊液はエアポンプにより加圧され，フローセルに運ばれる．試料は水流の中央に送り出され，内側へ向かうほど細胞密度の高い層流となってノズルに接続する．ノズル内の高速水流は，水の粘性により内側に向かうほど流速が速く，圧力は低くなり，毛細管のような水管となっている．

13章　フローサイトメトリー

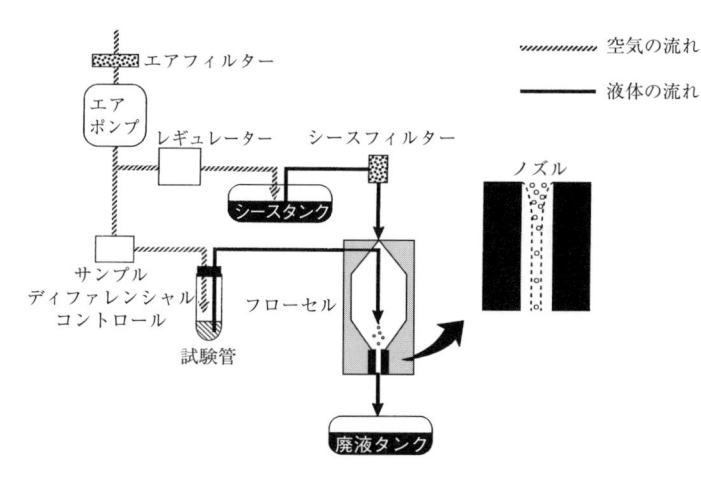

図13.4　FACSの流路系

13.5　ソーティングシステム

　ノズルに超音波をかけることによって，試料細胞を含むジェット噴流を水滴にかえる．このとき，十数滴に1個の割合で細胞を含む水滴が落下するようになる．ソーターは，所定の解析値を示す細胞が流れてくると，水流に荷電し，荷電された細胞を含む水滴が落下する．荷電された水滴は，対極側のプレートに引き寄せられ，試料採取管に導かれる．通常，細胞があると見込まれる水滴の上下3滴が回収されるように設定されている．

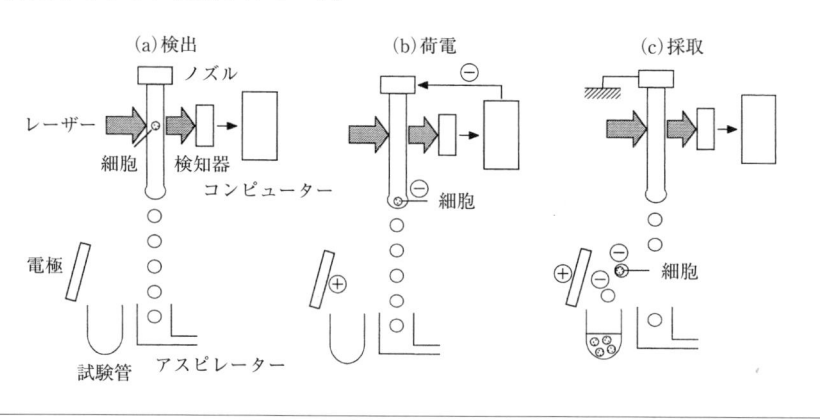

13.6　細胞表面抗原の検出

　蛍光標識した表面抗原に対する抗体を用いて試料細胞を染色すると，表面抗原が多く発現している細胞ほど，強い蛍光を発する．蛍光強度の変化により，表面抗原の発現量の変化を見ることができる．抗体（一次抗体）を直接蛍光標識する代わりに，抗体を認識する抗体（二次抗体）を蛍光標識して用いることも多い．

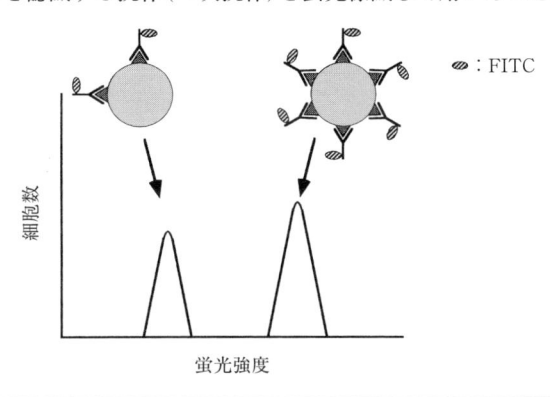

13.7　薬剤処理による細胞表面抗原の発現量変化の測定例

　ホルボールエステル（PMA）処理により，細胞表面抗原の発現量が変化する様子を測定した．ピークが左にシフトすると発現量が減少していることを，逆に右にシフトすると増加していることを表している．

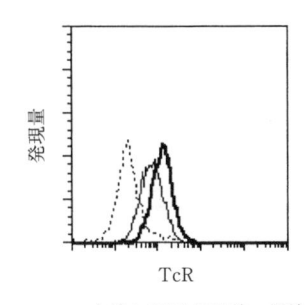

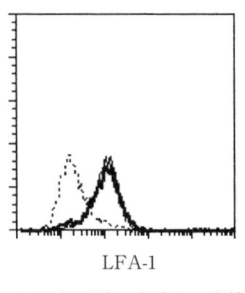

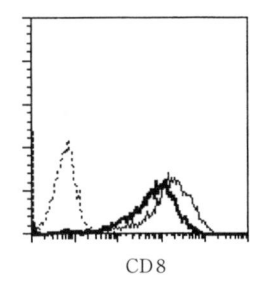

太線：PMA処理前，細線：PMA処理後，点線：一次抗体なし（二次抗体のみ）

13.8 DNAヒストグラム

細胞をDNA結合性の蛍光色素PI(propidium iodide)などで染色することにより，DNA含量を測定することができる．蛍光強度はDNA含量に比例するため，細胞周期の解析に用いられる．

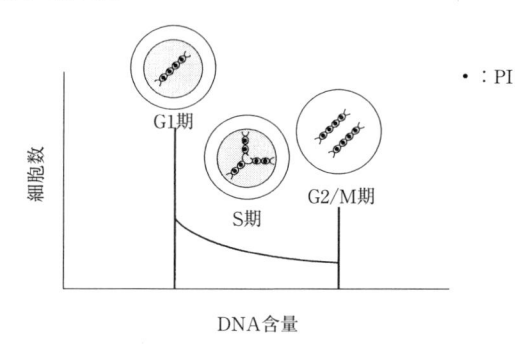

13.9 細胞周期の解析例

薬剤処理した細胞をPIで染色し，DNA含量を測定した．ヒストンデアセチラーゼの阻害剤酪酸ナトリウム処理により，S期の細胞が減少しているのがわかる．

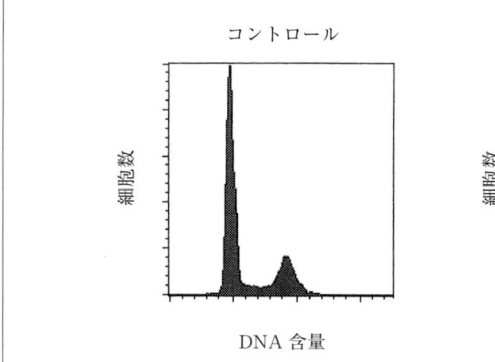

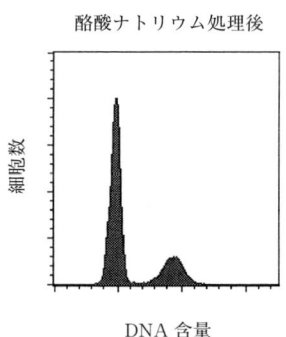

13.10 細胞内酸化度の測定例

DCFH-DA(2,7-ジクロロフルオレセインジアセテート)は細胞内に取り込まれ，エステラーゼの作用により脱アセチル化されてDCFHとなる．DCFHは細胞内の過酸化物と反応し，蛍光物質DCF(ジクロロフルオレセイン)に変換される．ピークが右にシフトすると，細胞内酸化度が上昇したことを表している．PMA処理により細胞内酸化度が上昇し，ラジカルスカベンジャーNAC(N-アセチル-L-システイン)により回復される．

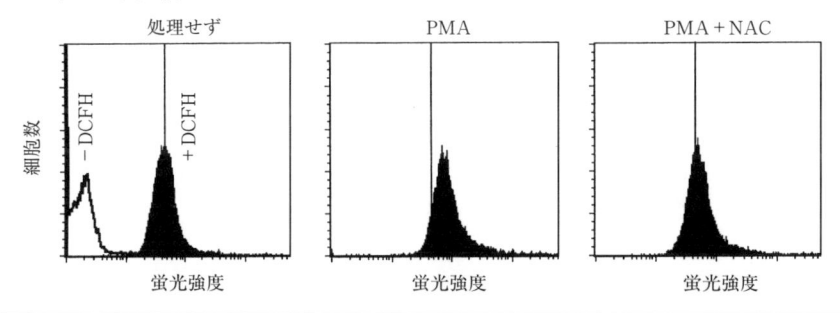

13.11 コンジュゲート形式の測定例

細胞傷害性T細胞(OE4)とその標的細胞(A20.2J)を異なる蛍光色素(カルセイン-AM，ハイドロエチジウム)で標識することにより，両者の結合をみることができる．右上に表れたシグナルが結合した細胞を表している．

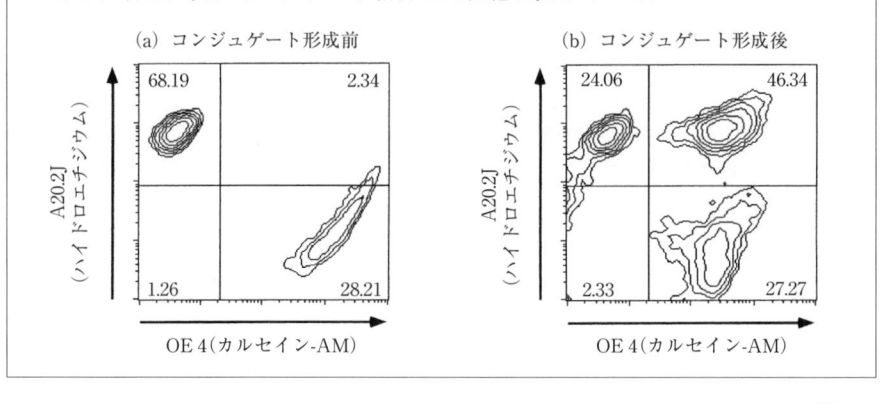

14章　電子顕微鏡

14.1　電子顕微鏡の仲間

1) 透過型電子顕微鏡（transmission electron microscope，TEM）
　透過電子線を利用して対象物の濃淡を描かせる．超薄膜化した試料の断面図が観察される．分解能は0.1～0.3 nm，超高分解能TEMでは原子配列も見ることができる．
2) 走査型電子顕微鏡（scanning electron microscope，SEM）
　二次電子線を検出して表面像を描かせる．試料の立体像が観察できる．分解能は一般的には5 nm程度，超高分解能SEMでは0.5 nm.
3) 最近の電子顕微鏡
・低真空SEM（ウェットSEM）
　　生体試料など水分を含む試料の観察が可能．前処理がいらない．
・分析電子顕微鏡
　　TEMやSEMにエネルギー分散型X線分光分析器をつけたもの．観察している微小領域の元素分析が可能．

14.2　電子顕微鏡のしくみと特徴

　2つの点を2つとして識別できる最小の距離を"分解能"というが，肉眼の分解能は約100 μmであり，大部分の細胞は，20 μm前後の大きさなので，肉眼では大型細胞以外はその有無を識別することは容易ではない．そこで，光学顕微鏡を用いるとその分解能は約0.2 μmであり，細胞の有無はもちろん，細胞がもつ核やミトコンドリアなどのオルガネラも見ることが可能である．しかし，1 μm以下の微小な物体は点として同定できても，どのような形をしているのかを観察することはむずかしい．そこで，μmオーダーの微小構造を観察するのに用いられるのが，電子顕微鏡である．顕微鏡の分解能は波長によるが，電子線の波長はX線よりも短く，加速電圧によっては

原子を見分けることが可能である．ただし，電子を高電圧で加速するためには真空状態にする必要があり，そのため生物試料を電子顕微鏡で観察するには，一般にその固定化，脱水，乾燥，導電コーティングなどの前処理が必要となる．

電子線(一次電子線)を試料表面に照射した場合，図14.1に示すように一部の電子は物質を透過し(透過電子)，また照射部表面近くから反射電子，二次電子，陰極蛍光，X線などが放出される．電子顕微鏡には大きく分けて，この透過電子線によって対象物の濃淡を描かせる透過型電子顕微鏡と，二次電子を検出して表面状態を描かせる走査型電子顕微鏡の2種類がある．両者のしくみと特徴は次のとおりである．

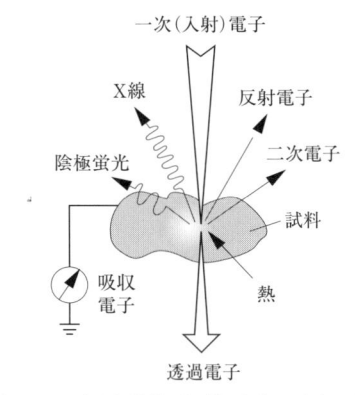

図14.1 電子を試料に照射した際に生じる記号

1) 透過型電子顕微鏡(TEM，テム)

 i) TEMのしくみ

TEMのおおよその構成を図14.2に示す．電子銃，コンデンサレンズ，対物レンズ，対物絞り，投影レンズ，蛍光スクリーンからできており，試料を通り抜けた(透過した)電子を蛍光板に当てて像を観察する．蛍光板の像は，カメラ撮影により記録する．最近ではカメラ室の下にイメージインテンシファイアーをつけて，像を直接CRT上で観察でき，連続記録もできるようになっている．光学顕微鏡と異なり，レンズ系は電子線を集めたり曲げたりするため電磁石や偏向コイルが使われており，電子レンズとよばれる．電子銃には，一般にヘアピン型のタングステンフィラメントが使われている．また，より高分解能のTEMでは高輝度を出せるLaB$_6$(ホウ化ランタン)フィラメントや電界放出(フィール

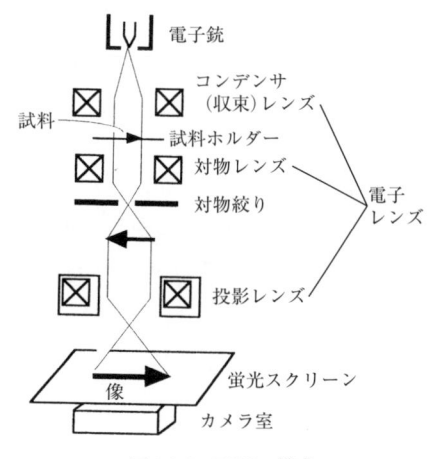

図14.2 TEMの構成

ドエミッション，FE)型フィラメントが使われる．FE型電子銃では，フィラメントの材質はタングステンやジルコニウムであるが，陽極が2つあり，電子ビームは第1陽極を通ったのち，第2陽極で静電作用によりきわめて細く絞られるため，電子ビーム密度は，通常のタングステンフィラメントの約1,000倍にもなる．電子銃からスクリーンまでの電子光学系は，通常10^{-3}〜10^{-5} Pa程度に排気されるが，電界放出型フィラメントを使用する際には，電子銃部の真空度を10^{-8} Pa以上の高真空に保つ必要がある．

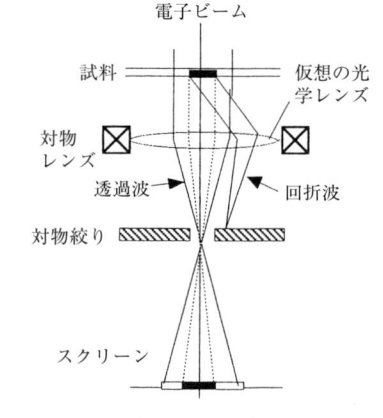

図14.3 透過型電子顕微鏡で像が見える原理

TEMで像が見える原理を示したのが，図14.3である．試料に電子ビームを照射した際，電子がよく透過するところは明るく見え(透過波)，散乱される部分から出た電子ビーム(回折波)は対物絞りのところでカットされるため，暗く見える．このコントラスト(陰影)によって像が見える．また，生物試料などコントラストがつきにくい試料は，鉛やウラニウムなどの重金属染色によって，コントラストをつけることができる．

TEM観察にあたっては，試料は電子ビームが透過するように一般的には$0.1\,\mu m$以下の厚みにする必要がある．厚いと電子ビームは途中で止められ熱に変わるため，試料は損傷する(電子線損傷)．生物試料の場合，化学的固定化，脱水，樹脂への包埋を行い，ガラスまたはダイヤモンドの刃をつけたウルトラミクロトームを用いて超薄切片を作ることによって，真空下でその試料断片の透過像観察ができる．

ii) TEMの特徴

・薄膜試料(数〜数十nm)の内部の組織，構造や組成を調べることができる．
・低倍率(数万倍以下)の観察では，試料の形態や格子欠陥などが調べられる．
・高倍率(十万倍以上)の観察では，原子配列が観察できる．
・電子線を細く絞れば，最小径数nmの領域からの電子線回折像を撮影でき，微細な析出物の同定や格子欠陥の解析などができる．
・X線検出器などの付属装置をつけることにより，局所部の組成や結合状態の解析ができる(p.133の分析電子顕微鏡を参照)．
・像の分解能は　$\delta = (\lambda/n \cdot \sin\alpha) \times 0.8$　(ここでλは電子線の波長，nは媒質の屈

折率で真空中では1，αは電子レンズに入る電子線と光学軸のなす最大開き角)で表され，また電子の波長λと加速電圧 E との間には，$\lambda(\text{nm}) = 1.22/E^{1/2}$ の関係が成り立つので，加速電圧を増大するほど波長は短くなり，理論的には分解能が向上することになる．通常は200 kV程度の加速電圧でよく利用され，その点分解能は0.2 nm以下である．

・さらに加速電圧の高い(500 kV〜300万V)超高圧TEMにおいては，解像度が高まるだけでなく，電子ビームの透過能が高まるため，厚い試料や，高密度の試料でも鮮明な像観察ができる．生物試料の電子線損傷も少なくできる．ただし，超高圧TEMは装置が巨大となり，巨額の費用がかかる．

2) 走査型電子顕微鏡(SEM，セム)

i) SEMのしくみ

SEMの装置構成を図14.4に示す．通常フィラメントは負の高電位(1〜30 kV)，グリッドはそれよりわずかに(100〜300 V)負の電位，陽極は接地電位になっており，加熱されたフィラメントから放出された熱電子は陽極方向に加速され，電子線が作られる．このとき，グリッドと陽極による静電作用により電子線が収束される．さらに第1，第2コンデンサレンズおよび対物レンズの3つの電磁石によって収束され，試料上に微小なスポットが形成される．試料に入射した電子は，物質中に存在していた電子にエネルギーを供与し，外へ飛び出させる．この照射点より放出される二次電子をシンチレーター(放射線の照射により発光する物質)と，光電子増倍管とを組み合わせた検出器で増幅して，電気信号に変える．二次電子の検出効率をよくするために，試料と検出器の間には正の電圧がかけられている．そして，この電気信号に応じた明るさを陰極線管(CRT)の画面に表示する．TEMと異なるのは，対物レンズの上部に直行する2組の偏向コイルがあってそれぞれのコイル電流を制御して，試料上

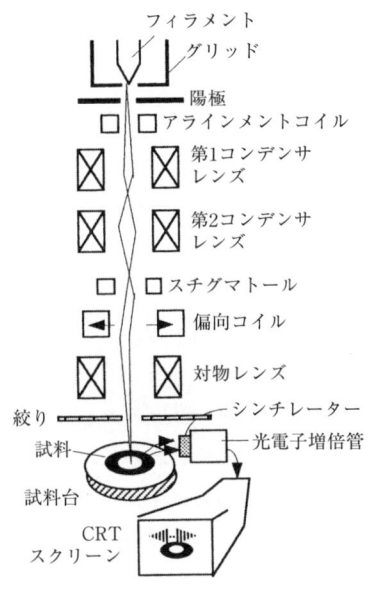

図14.4 SEMの構成

の照射スポットのXY走査を行い，各点から放出された二次電子の検出信号を示すCRT画面上の表示点(輝点)も照射点と同じように走査することによって，CRT画面上に目的とする試料面の二次電子量に対応する相似像を描かせる点である．画面上の観察像は，付属のカメラを用いて写真フィルムやポラロイドフィルムに撮影するのが一般である．電子光学系は，TEM同様，通常10^{-3}～10^{-5} Pa程度に排気するが，電界放出型電子銃を使用する際には，電子銃部の真空度を10^{-8} Pa以上の高真空に保つ．

照射スポットの大きさと形状は，SEMの分解能を決める重要な要因で，試料上のスポットを最小(通常数nm)に絞るとともに，形状を真円にする必要がある．そのため，対物レンズの直前に縦横の収束度が異なるスチグマトールとよばれる多重極電子レンズが設置され，スポットが楕円形になる(非点収差)のを補正する．スポット径は電子銃にもよる．普通にはタングステン型あるいはLaB$_6$型のフィラメントが使われるが，高分解能SEMには，少ないビーム電流で小さなスポット径の得られる電界放出型電子銃が用いられる．また二次電子像にコントラストがつくのは，試料の場所によって二次電子の発生量(効率)が異なるためで，試料が入射ビームに対して平行に近くなるほど二次電子の発生量が多くなるため，普通には試料を30～45°ほど傾斜させて観察するとよい．さらに，二次電子の発生量は入射ビームのエネルギーによるので，加速電圧に依存する．一般的には，加速電圧を高くするほど輝度が増し，分解能も上がる．

試料が生物などの非導電性の場合，高速の電子ビームが入射すると電子の逃げ場がなくなり，試料表面にたい積し(チャージアップ)，ハレーションなど像障害を生じる．細胞など生体試料の形態観察を行う際には，この像障害を避けるため，まず乾燥した試料表面の導電処理を行う．この導電処理には一般的には操作の簡単なイオンスパッタコーティングが用いられる．イオンスパッタコーティング装置では，比較的低真空(1 Pa程度)下で両極間に数kVの電圧をかけ，放電でできた陽イオンを加速させて金や白金の陰極ターゲットに衝突させる．この衝突によってターゲットから金属が中性原子の形でたたき出され，陽極側におかれた試料表面に降り注ぎ，均一な金属薄膜が形成される．

実際に生体試料をSEM観察する際には，電子線照射による試料損傷にも注意する．一般に，熱に弱い生体試料や高分子材料は熱伝導率も悪く，強い電子線を照射すると発熱によって表面にき裂や収縮などの損傷を起こすことがある．これを防ぐには，低加速電圧あるいは照射電流強度を弱くした状態で観察を行う．最近では，

専用の対物レンズの利用により1 kVの加速電圧で分解能2 nmの像を得られる低加速電圧SEMが開発されており，導電処理なしでの生体材料の表面観察にも利用されるようになってきている．

ii) SEMの特徴
- どのような形状(塊状(かい)，粉末など)の試料でも観察が可能．
- 焦点深度が深いため(約1,000 μmで光学顕微鏡のおよそ100倍)，凹凸の激しい試料表面でも全体にピントのあった立体像観察ができる．
- 通常は2万倍程度，5〜10 nm程度の分解能で観察するが，倍率80万倍の超高分解能SEMも市販されている．
- 水分を含む生物試料でも，前処理なしに観察できる低真空SEMも開発されている(p.132を参照)．

14.3　透過型電子顕微鏡の利用

1) 利用例
   i) 生体試料観察への応用
   　　断面像として構造や分布を見ることができる．
   - 動物組織，植物組織の構造観察
   　　一般的な標本の作り方は 2) 観察手順を参照．
   - 動物細胞，植物細胞，微生物，細菌，ウィルスの形態観察
   　　ウィルスやリボソームなどの微小粒子もネガティブ染色法(電子線散乱の大きな染色剤，たとえば酢酸ウランやリンタングステン酸で染色)によって観察が可能である．
   - 細胞内オルガネラや骨格の微細構造観察
   　　核，リボソーム，小胞体，ゴルジ体，ミトコンドリア，葉緑体，リソソーム，ペルオキシゾーム，分泌顆粒，細胞膜，細胞間結合組織(タイトジャンクション，デスモゾーム，ギャップジャンクション)，微小管，中間フィラメントなど．
   - 細胞膜内部の微細構造観察
   　　フリーズレプリカ法を利用する．細胞膜試料を-150℃で急速凍結し，氷の状態で真空中で割断し，その鋳型をとって観察する．
   - 酵素組織化学
   　　組織や細胞の中に含まれる酵素の反応を利用して電子線散乱能の大きな化合物を形成，沈着させることによって，その酵素の存在する部位を決定，観察するこ

- 免疫組織化学

   抗原・抗体反応を利用して，特定の物質が存在する部位や分布を明らかにできる．観察しやすくするために，金コロイド標識した抗体の結合や，酵素で標識した抗体による染色を利用する．

- 3次元構築法を利用する膜タンパク質の構造解析

   試料を氷に包埋する低温技術とコンピューターグラフィックスによる連続切片像からの3次元構築法の進歩により，電子線構造解析が急速に進展している．

ii) TEM のその他の材料観察への応用例

- 金属，半導体材料の格子欠陥の観察．
- 電子線の回折を利用する結晶の対称性（点群，空間群）の観察．
- 高倍率では格子像，原子配列の観察が可能である．

2) 観察手順

   i) 固定化

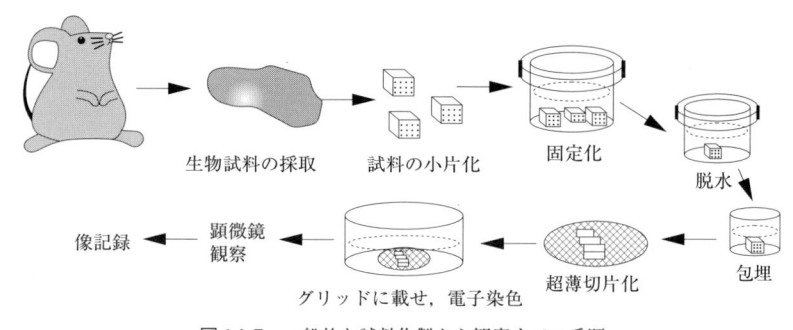

図 14.5　一般的な試料作製から観察までの手順

- 目的

   採取後の組織の変化を最小限に抑え，できるかぎり生きていたときに近い状態に保つ．また細胞内のさまざまな成分を不動化し，その後の処理中に流出しないようにする．

- 操作

   新鮮な組織を $1 \sim 0.5\,mm^3$ 大に細切りし，速やかに氷冷した固定液に浸漬する．培養細胞の場合は，プラスチックシート上に培養してシートごと固定化液に浸漬する．血球，微生物細胞などの遊離細胞は遠心によりその画分を回収し，そこへ固定化液を注いでペレット化する．

・固定液

　グルタルアルデヒド・四酸化オスミウム二重固定がもっともよく利用される．遊離細胞の固定には，グルタルアルデヒド・四酸化オスミウム混合固定液を用いる一段階固定化がより有効である．

代表的なサバティーニ（Sabatini）の固定化の方法

①前固定：2〜5％グルタルアルデヒド/0.1Mリン酸緩衝溶液（pH7.2），4℃，1〜2時間，②洗浄：0.25Mショ糖液を含むリン酸緩衝溶液（4℃）で2〜3回洗浄，③後固定：1％四酸化オスミウム/0.1Mリン酸緩衝溶液（pH7.2），4℃，1〜2時間再固定

---

ii）脱水

　固定化の終了した試料は，試料の水分を包埋剤と親和性のある溶媒におきかえる．一般的には，エタノール系列あるいはアセトン系列が用いられる．

　①固定化試料を水で洗浄，②含水エタノール溶液50％，70％，90％に各5〜10分，2回ずつ通す，③エタノール100％に10〜30分，2回通す．

iii）包埋

　包埋剤としてはおもにエポキシ樹脂，ポリエステル樹脂，メタアクリル樹脂，水溶性メタアクリル樹脂，水溶性エポキシ樹脂などが用いられている．

代表的なルフト（Luft）のエポキシ樹脂包埋法

A液：Epon812樹脂あるいはその代替樹脂と硬化剤DDSA（dodecenylsuccinic anhydride）との混合溶液

B液：Epon812樹脂あるいはその代替樹脂と硬化剤MNA（methylnadic anhydride）との混合溶液

を調製し，次いでA液とB液を適当な比で混合して重合混液とする．超薄切片をガラスナイフで作製するときはA：B＝5：5，ダイヤモンドナイフ使用時はA：B＝4：6程度が適当である．

［手順］　脱水試料→100％エタノール＋プロピレンオキシド（またはアセトン）等量混合液に5〜10分，2回浸漬→プロピレンオキシド100％に5〜10分，2回浸漬→プロピレンオキシドと重合混液の等量混合液中に30〜60分浸漬→重合混液中に5〜12時間浸漬→重合混液を入れたカプセルの上層に試料をおき，自然沈下させ，35℃でひと晩，45℃で1日，60℃で1日保つと完全に重合硬化する（60℃で24時間保つだけでも薄切りは可能）

---

iv) 超薄切片化

ガラスナイフあるいはダイヤモンドナイフをつけたミクロトームを用いて，包埋試料を連続切片化する．ナイフの上の水槽に浮かんだ超薄切片は実体顕微鏡で観察すると干渉色を見ることができ，その色調からおよその厚さを判定できる．50～100 kVのTEM観察には通常60～80 nmが適当で，灰色から銀色に見える．

水槽に浮かんだ切片は，押しつけ法あるいは引きあげ法で，グリッドに直接あるいは支持膜を張った上に取り上げる．試料支持用のグリッドとしてはおもに銅製の100～400メッシュ/inchのものが用いられるが，メッシュの孔径より小さな試料を載せる場合には，グリッドの上にコロジオン膜のような支持膜を張り，通常はさらに薄くカーボン蒸着(10 nm程度)をして補強して用いる．

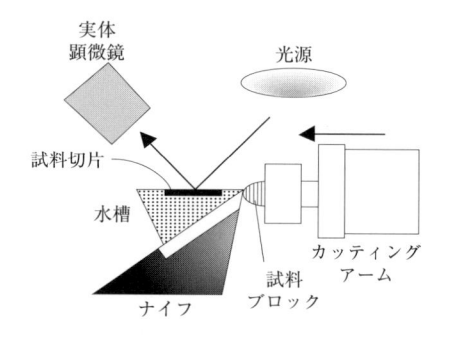

図14.6　ウルトラミクロトームによる試料の超薄切片化

v) 電子染色

生体試料の像コントラストを高めるために，電子の線散乱能の大きな鉛やウラニウムなど，重金属で染色する．この電子染色は，一般には試料を超薄切片化してグリッドに載せてから行う．

二重電子染色の例　①前染色：2％酢酸ウラン水溶液に超薄切片を載せたグリッドを暗黒下，5～30分浸漬する，②水洗：蒸留水に5分浸漬，3回，③後染色：水酸化鉛あるいはクエン酸鉛溶液中に10～30分浸漬する，④水洗後，乾燥．

ネガティブ染色法　分離した細胞内構成要素，ウィルス，ミセルなどの微小粒子の表面構造を観察するには，試料の周りを電子密度の高い物質で包み，暗いバックグラウンドに対し試料を電子が比較的透過しやすい明るい像として観察するネガティブ染色法が有効である．ネガティブ染色剤としては，電子密度が高く，非結晶性，非蒸発性の無構造な物質で試料の分子間隙によく侵入し，しかも染色性の乏しいものが望ましく，リンタングステン酸や酢酸ウラニウムがよく用いられる．

実際の染色のしかたとしては，1～2％の染色液と分散試料浮遊液をほぼ等量混合し，支持膜を張ったグリッドの上に1滴おき，速やかに余分の液をろ紙で吸い取って室温で乾燥する（混合滴下法）などがある．

vi) TEM の一般的操作法

　　始動（冷却水を流す，主電源ON，真空系のスイッチON）→高圧印加→フィラメント点火→電流軸の調整，非点補正→試料交換→電圧軸の調整，非点補正→適当な倍率で焦点を合わせ像観察→写真撮影→観察終了，フィラメント電流，加速電圧を切る→試料の取り出し→停止操作（主電源OFF，冷却水を止める）．

3) 観察のポイント（よいTEM像をとるには）
　i) 試料の調製時の注意点
　　・組織採取後，材料を細切りする際の形態変化が起こらないよう注意する．
　　・試料採取から固定化までの時間をできるだけ短くする．
　　・固定液の浸透圧とpHに注意する．
　　・包埋樹脂の浸透や重合条件に注意する．
　　・超薄切片が厚くならないように注意する．
　　・電子染色がうまくできているか．
　ii) 観察時のポイント
　　・加速電圧の選定．　　・対物レンズの非点収差を補正する．
　　・電子線の軸合わせ．　・電子線損傷や試料からのガス発生に注意する．
　　・試料のドリフトがないか（強いビームを当てすぎていないか）．
　　・焦点合わせ．

14.4　走査型電子顕微鏡の利用

1) 利用例
　i) 生体試料観察への応用→表面構造を立体的に観察できる．
　　　・微小な動植物固体の外観観察．　・動物・植物組織の形態観察．
　　　・動物細胞，昆虫細胞，植物細胞，微生物細胞の形態観察，表面構造観察．
　　　・遊離細胞，培養細胞の表面構造観察・
　　　・細胞膜構造の観察（フリーズレプリカ法など）．
　ii) その他の材料観察への応用例
　　　・無機・有機・高分子材料の表面構造観察．
　　　・材料の断面観察→破断面の観察など．
2) 一般的なSEM観察手順
　　生物試料の採取→組織，細胞，タンパク質の固定化・脱水・乾燥→導電コート処理→顕微鏡観察→像記録．

i) 固定化→グルタルアルデヒドと四酸化オスミウムによる二重染色が一般的.

①前固定：2.5％グルタルアルデヒド/リン酸緩衝溶液(pH7.2)，4℃，2～3時間，②洗浄：同一緩衝液で3時間～一昼夜，③後固定：1～2％四酸化オスミウム/リン酸緩衝溶液(pH7.2)，4℃，2時間．

ii) 脱水→エタノール系列あるいはアセトン系列を利用．

①50，60，70，80，90，95％エタノール-水中に試料を各10分間ずつ浸漬，②100％エタノールに20分間ずつ，液を変えて3回浸漬．

iii) 乾燥

臨界点乾燥がよく用いられたが，液化炭酸ガス(液体CO_2)の取り扱いの安全性と操作の煩雑さから，筆者らはより簡便で，しかもより乾燥時の収縮が少ないとされるt-ブチルアルコール凍結乾燥法をよく利用している．

臨界点乾燥法 液体CO_2の表面張力は水やアルコールに比べて小さいため，蒸発時に組織(細胞)の収縮やわい曲が少ない．そこで試料中の溶媒を液体CO_2に置換したのち，圧力と熱の作用で液体CO_2を液体でも気体でもない状態にして乾燥を行う．

臨界点乾燥を行う場合は，まずエタノールあるいはアセトンで脱水した試料を，液体CO_2とほぼ同じ沸点を有する酢酸イソアミルに置換してから行う．

t-ブチルアルコール凍結乾燥法 試料中の水分をt-ブチルアルコールに置換し，凍結して真空中でt-ブチルアルコールを昇華させて試料を乾燥させる方法．臨界点乾燥法よりもさらに乾燥時の収縮が小さいため，壊れやすい試料や培養細胞などの収縮が影響しやすい試料の乾燥により有効である．プラスチックシャーレもそのまま処理できる(具体例はp.131の神経モデル細胞の観察を参照)．

iv) 導電処理

生体試料は通常，導電性が低いので，チャージアップ防止と二次電子発生効率の向上のため，表面に導電処理を行う．一般には，金，白金，カーボン，パラジウムなどを10～30 nm程度の厚さでコーティングする．コーティング法としては，真空蒸着法，イオンスパッタ法などがあるが，p.124で記したようにイオンスパッタ法が簡便である．

v) 試料台への試料の固定化

試料台としては通常アルミニウムがよく利用されている．導電処理をした試料をこの試料台上に，観察のしやすさを考えながら載せ，さらに電子が逃げることができるよう試料台に導電性接着剤で固定する．導電性接着剤としては銀ペーストやカ

ーボンペーストを用いる．接着剤の溶媒が十分とんでから，SEMの試料室に入れるよう注意する．

 vi) SEMの操作概要

  始動(冷却水を流す，主電源ON，真空系のスイッチON)→試料交換→高圧印加(数mPa以上に達してから)→フィラメント点火(徐々にエミッション電流を流す)→光軸の調整，焦点を合わせ非点補正→適当な倍率で焦点を合わせ像観察→写真撮影→観察終了，フィラメント電流，加速電圧を切る→試料の取り出し→停止操作(主電源OFF，冷却水を止める)．

3) 観察のポイント

 i) 試料の調製時の注意点

  ・試料採取から固定化までの時間をできるだけ短くする．

  ・固定液の浸透圧とpHに注意する．

  ・乾燥操作時の試料の収縮に注意する．

  ・導電処理を適当に行う．

  ・観察位置がわかるよう導電ペーストで試料台に目印を書くと役だつ．

 ii) 観察時のポイント

  ・加速電圧の選定．金蒸着試料は5～25 kV，無蒸着試料は1～5 kVにする．

  ・電子線の軸合わせ．

  ・対物レンズの非点収差を補正する．

  ・試料のドリフトがないか(強いビームを当てすぎていないか)．

  ・電子線損傷や試料からのガス発生に注意する．

  ・焦点合わせ．

  ・写真撮影時には焦点とコントラストに注意する．

4) SEM観察の例(神経モデル細胞PC12細胞の分化後の形態観察)

 ①コラーゲンコートしたプラスチックプレートを培養ディッシュに入れ，NGF(神経成長因子)含有培地に懸濁させたラット副腎髄質褐色細胞腫瘍由来PC12細胞をまく．

 ②NGF入り培地を2～3日ごとに交換し，1週間培養する(ほとんどの細胞が分化し，突起を伸ばし，連結している様子が光学顕微鏡で見られる)．

 ③細胞が接着しているプラスチックプレートを取り出し，PBS(phosphate-buffered saline, pH7.4)で洗浄し，グルタルアルデヒドと四酸化オスミウムによる二重固定化を行う．

④プレートごとエタノール系列で脱水を行う．
⑤100％エタノールとt-ブチルアルコールの1：1混合液に30℃で30分浸漬する．
⑥100％t-ブチルアルコールに移し，30℃で30分浸漬を2回くり返す．
⑦プレートごと冷蔵庫に入れ，完全に凍結させる．
⑧凍結乾燥装置に入れ，$-10\sim-20℃$に保ち，真空乾燥させる．
⑨昇華後，30分以上してから乾燥した試料を取り出す．
⑩プレートごと白金をイオンスパッタコーティングする．
⑪試料台に銀ペーストで固定化する．
⑫SEM観察，写真撮影（図14.7）．

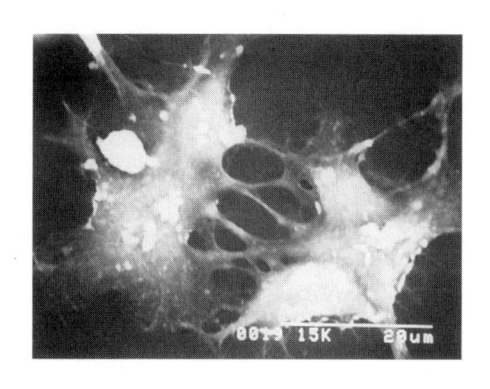

図14.7 コラーゲンコートプラスチックプレート上で分化させた神経モデル細胞の形態観察

14.5 最近の電子顕微鏡

1）低真空SEM（ウェットSEM）

電子顕微鏡は真空中で観察するため，試料には水分があってはいけないとされてきたが，生物試料は水分を含むものがほとんどであり，そのありのままの姿を見たいという要望がある．電子光学経路は，オイル拡散ポンプによって$10^{-3}\sim10^{-4}$ Paの高真空に保ち，試料室だけをロータリーポンプによって低真空に保つことによって，生物試料を水分を含む状態で観察できるようになった．一般的な低真空SEMは，反射電子検出器を用いて反射電子像を得るタイプのものが多く，試料室の真空度は10～150 Pa程度で，ウェットSEMあるいはナチュラルSEMともよばれる．反射電子は入射電子とほぼ同等のエネルギーをもつため，二次電子と比べてチャージアップの影響を受けにくい．また，水分の蒸発がほとんどないようなより低真空（200～2500 Pa）で二次電子像を得るタイプのものも開発されており，環境制御型SEMともよばれて

いる．二次電子タイプは，反射電子タイプよりも高倍率の像が得られる．

2) 低真空SEMの特徴
・従来のSEM観察では必須であった試料の固定，脱水，乾燥処理をまったくあるいはかなりの部分省くことができるため，生に近い状態での観察ができる．
・低真空状態では入射電子ビームによって試料表面付近の残留ガス分子(おもに空気)がイオン化され，プラスに帯電し，試料表面に帯電する電子を電気的に中和するため，チャージアップが免れる．したがって導電処理もいらない．
・脱水操作を要しないので水溶性物質の流失がなく，元素分析に適する．
・低真空とはいえ，水の蒸発があるため，硬組織，胞子，昆虫などは比較的長く観察できるが，軟組織では長時間観察を行うと激しい形態変化が起こる．

3) 分析電子顕微鏡

TEMあるいはSEMにエネルギー分散型X線分光器(energy dispersive X-ray analyzer, EDX)を付けたものを，総称して分析電子顕微鏡(analytical electron microscopy, AEM)とよんでいる．細く絞った電子ビームを試料に照射し，像観察を行うと，同時に照射点より放出される特性X線(図14.8)を検出することによってその微小局所領域の元素分析ができ，定性，定量，および状態分析を行うことができる．また微量イオンの局在化や分布を調べるのに役だつ．生体試料でも構成する炭素，窒素，酸素，ナトリウムなどの軽元素の局在化分析などに役だっている．

注意すべき点として，得られる元素分析の情報がどのくらいの深さ，どのくらいの範囲(面積)からのものかを考慮することがたいせつである．薄膜試料では，入射ビーム径とそこからの情報は一致していると考えられるが，厚い試料では，特性X線の発生領域は，普通の金属を20 kVの加速電圧で照射したときでも1 μm程度の広がりおよび深さをもつとされている．生体試料ではさらに広がっており，いかに細いビームを照射したとしてもこの特性X線の発生領域の平均値として現れる．

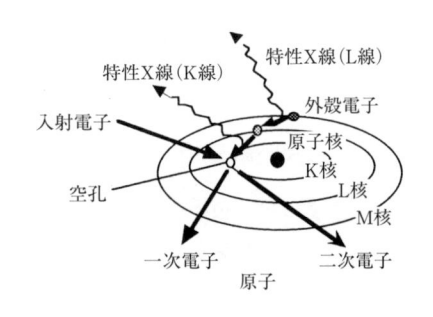

図14.8 電子ビーム照射に伴う特性X線の発生

15章 熱 分 析

熱分析とは，定められたプログラムにしたがって温度を変化させながら，対象となる物質の力学物性や質量，熱的性質などの物理化学的性質を，温度の関数として測定する一群の方法を指す．おもな熱分析の方法を表15.1に示す．生体関連物質を対象として利用される分析方法としては，示差熱分析(DTA)や示差走査熱量測定(DSC)，熱重量測定(TG)などがあげられ，これらの分析手法を用いることにより相転移や構造変化，熱分解反応などの解析を行うことができる．本章では，DTA，DSC，TGの測定原理を解説するとともに，これらの手法が生体関連物質の研究に適用された例について述べる．

表 15.1 熱分析のおもな方法

名　称	略称	温度の関数として測定される特性
熱重量測定	TG	重量
示差熱分析	DTA	試料と基準物質間の温度差
示差走査熱量測定	DSC	試料と基準物質に供給される熱量差
発生気体分析	EGA	発生ガスの種類および量
熱機械分析	TMA	力学物性
熱膨張測定		寸法または膨張係数

15.1 示差熱分析

ある温度T_0で，相変化や分解反応などによって測定対象物質が発熱または吸熱する場合，その物質を基準物質とともに温度T_0以下の温度から同じ一定の温度上昇率で加熱すると，温度T_0における発熱または吸熱のために基準物質との間に温度差が生じることになる．示差熱分析(differential thermal analysis，DTA)では，この両者の間に生じる温度差を時間または温度に対して記録する．

DTA装置の模式図を図15.1に示す．一般に，試料と基準物質は測定容器に納めたうえで，同一条件で加熱されるように，金属または良熱伝導性セラミックスからなる

15.1 示差熱分析

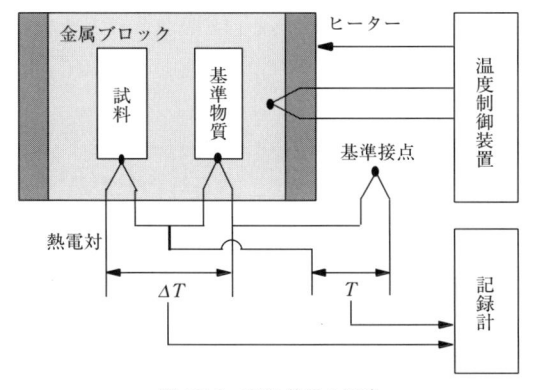

図15.1 DTA装置の概略

試料ホルダー内の2つの穴におのおの設置される．測定時には，そのホルダー部を電気炉で制御しつつ加熱する．熱は容器を通じて試料および基準物質に伝達され，おのおのの温度を上昇させることになる．両者の温度の測定は通常，熱電対（thermocouple）を用いて行う．

ある温度で試料が融解する場合の典型的な温度変化，およびその結果得られるDTA曲線を模式的に図15.2に示す．金属ブロックの温度T_wを温度制御装置によって一定の速度$\phi = dT_w/dt$で上昇させると，基準物質の温度T_rの上昇は，熱伝達が原因となって，測定開始とともにT_wに多少の遅れをみせるが，しばらくするとϕに等しい上昇速度となる．試料温度T_sも，比熱の差異によりT_rとは多少の差を示しながらも，ϕに等しい速度で上昇するようになる．いま，容器などを含めた試料と基準物質の熱容量をそれぞれC_sおよびC_rとし，これらは温度に依存しないものとする．また，金属ブロックと測定容器との間の熱伝達係数をKとすると，温度上昇速度が等しくなった状態では，$\Delta T = T_s - T_r$ は一定の値 $(\Delta T)_b = \phi(C_r - C_s)/K$ となって，DTA曲線のベースラインを形成する．ある温度で試料の融解が始まると，潜熱を吸収するため，試料の温度上昇は遅くなり，基準物質に対する温

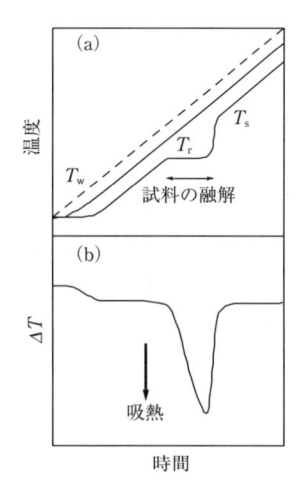

図15.2 DTA測定時の各部の温度変化(a)とDTA曲線(b)

度差 ΔT は負の側に大きく変動する．潜熱として吸収される全熱量を ΔH とし，融解の起きている時間内における単位時間あたりの吸熱量を $\mathrm{d}(\Delta H)/\mathrm{d}t$ と仮定すると，系のエネルギー収支式は以下のようになる．

$$C_s \mathrm{d}(\Delta T)/\mathrm{d}t = -\mathrm{d}(\Delta H)/\mathrm{d}t - K[\Delta T - (\Delta T)_b]$$

融解の開始当初は右辺第2項は微小であり，右辺第1項（潜熱項）のために温度差 ΔT が負に変化する．しかし，温度差 ΔT の絶対値がある程度大きくなると，右辺第2項の寄与が大きくなるため，温度差 ΔT は増加に転じることになり，融解が完了すると最終的には ΔT が再び $(\Delta T)_b$ に一致する状態に至る．このように，融解点近くでピークをもったDTA曲線が得られる．

なお，DTA曲線においては通常，基準物質に対する正の温度差を上向きにとる．したがって，上向きのピークは発熱変化，下向きのピークは吸熱変化を示す．

また，基準物質としては，比熱や熱伝導率などの熱的性質が試料のそれと近く，かつ測定温度範囲内で相転移や反応などの熱的変化を示さない安定な物質を用いる．アルミナを焼成した α-アルミナが基準物質として用いられることが多い．

15.2　示差走査熱量測定

DTAでは，同一加熱条件下での試料と基準物質間の温度差を測定した．これに対して示差走査熱量測定（differential scanning calorimetry, DSC）においては，熱的に切り離された試料と基準物質に対して別々に熱エネルギーを与えることにより，両者の温度を等しく保つために必要なエネルギー所要量の差を測定する．図15.3に測定装置

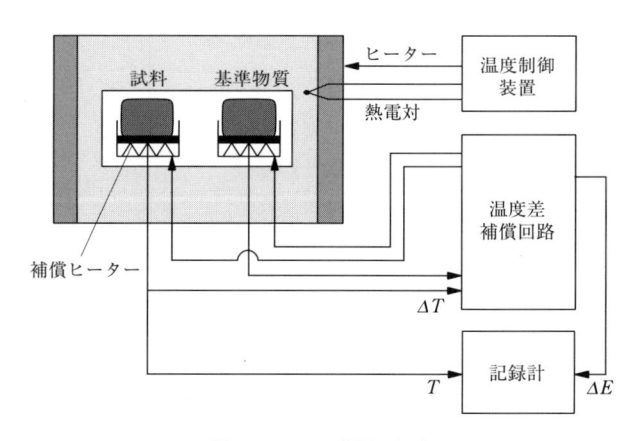

図 15.3　DSC装置の概略

の概略を示す．熱電対によって検出される試料と基準物質の間の微小な温度差に基づいて，電気抵抗線から生じるジュール熱として熱エネルギーがおのおのに供給される．したがって，一定電圧の下で抵抗線を流れる電流の差が試料と基準物質とのエネルギー所要量の差に比例し，比熱や反応熱または転移熱の差を与えることになる．DSCにより得られる測定結果の例を模式的に図15.4に示す．相

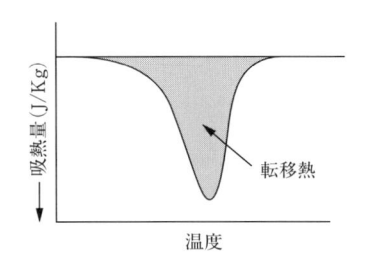

図15.4　DSC曲線と転移熱

転移や反応などの変化に伴って出入りする熱量は，DSC曲線とその基線で囲まれた部分(ピーク)の面積に比例する．その比例係数は装置固有の係数と考えられ，一般に，融解熱既知のスズや鉛などの純粋金属が融解するときのDSC曲線を測定して決定される．融解などの相転移に伴って物質の比熱が変化する場合には，図15.5に示すようにピークをはさんで基線が移動する．この場合の熱量の算出法としては，(a)ピーク前後のDSC曲線が基線から離れる点を直線で結んでピーク面積を求める方法と，(b)DSC曲線を積分して得られるエンタルピーと温度の関係から求める方法などがある．

なおDTA装置のなかには，測定試料に依存することなく，温度差ピークの面積が出入りする熱量に比例するようにくふうされたものがあり，これを定量DTAまたは熱流束DSCとよぶことがある．これに対して，上述のDSCは入力補償DSCとよばれる．

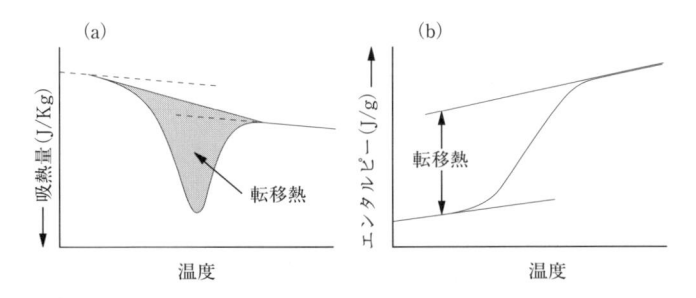

図15.5　DSC曲線の基線が変化する場合の転移熱の求め方

15.3　熱重量測定

熱重量分析(thermogravimetry，TG)は，試料を加熱した際の質量変化を連続的に測定するものであり，化学反応など，質量変化を伴う試料内の変化をとらえることが

15章 熱分析

できる．その測定に用いられる熱てんびんとよばれる装置は，1915年にわが国の本多光太郎によって考案されたものであり，てんびんの端に取り付けられた試料皿を炉で覆い，試料温度を一定のプログラムにしたがって上昇させることができるようになっている．炉とてんびんの配置は装置によってさまざまであるが，自然対流など測定に対する誤差要因をできるだけ避けられるようにくふうされている．装置によっては，TGと同時にDTA測定も可能となっている．TG-DTA装置の構成例を図15.6に示す．この装置では，試料の重量変化によって起こるてんびんのビームの傾きが光電検出器によって検出されると，制御コイルに電流が流れ，てんびんに取り付けられた永久磁石に力が加わり，てんびんのビームの傾きがもとに戻るしくみになっている．この場合，試料の重量変化は，永久磁石に加えられた力，したがって制御コイルに流れた電流に比例するので，その電流を経時的に記録することによって重量変化の記録が得られることになる．

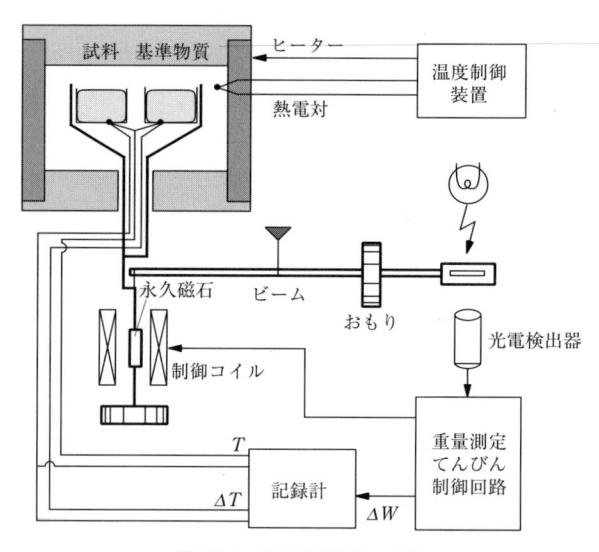

図15.6 TG-DTA装置の概略

15.4 バイオ系への応用

1) DTAによる種々のタンパク質の熱変性挙動の比較

熱変性が起こる温度は，タンパク質の種類によって異なる．熱分析ではこのことを明瞭に示すことができる（図15.7）．

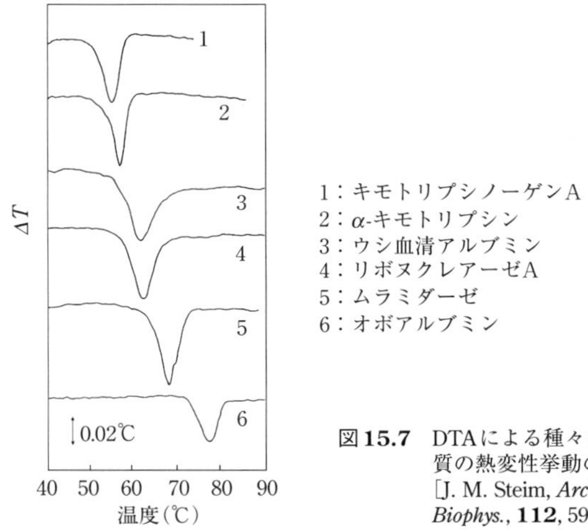

15.4 バイオ系への応用

図15.7 DTAによる種々のタンパク質の熱変性挙動の比較
1：キモトリプシノーゲンA
2：α-キモトリプシン
3：ウシ血清アルブミン
4：リボヌクレアーゼA
5：ムラミダーゼ
6：オボアルブミン

[J. M. Steim, *Arch. Biochem. Biophys.*, **112**, 599 (1965)]

2) DSCによるタンパク質分子がもつ不凍水量の測定

タンパク質などの生体高分子は，周囲の水分子に対して強い相互作用を及ぼすため，そのごく近傍の水分子の性質は通常のものとは異なっており，低温下においても凍結状態とならない分子が存在する．

図15.8は，水分含量の異なるリゾチーム標品を-75℃から昇温してDSC測定を行

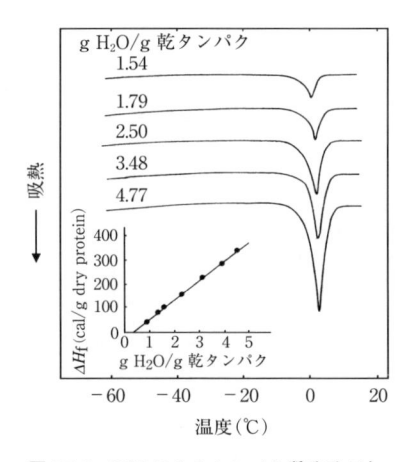

図15.8 DSCによるタンパク質分子がもつ不凍水量の計測
[K. Gekko, I. Satake, *Agric. Biol. Chem.*, **45**, 2209 (1981)]

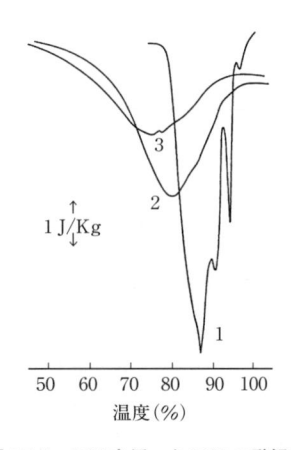

図15.9 DSCを用いたDNAの融解挙動の比較
[高橋克忠，蛋白質核酸酵素，**33**, p.339 (1988) より一部改変]

った結果である．挿入図は，DSC測定の結果から凍結した水の融解熱を求めて水分含量との相関を調べたものであり，横軸切片が不凍水量に相当する．

3) DSCを用いたDNAの融解挙動の比較

二本鎖DNAは高温で一本鎖に解離する．これをDNAの融解とよび，熱分析を用いて検出することができる．

図15.9は仔ウシ胸腺DNAのpH7.0におけるDSC曲線であり，正常なDNA(1)は87℃に鋭いピークを有する融解曲線を与える．また，分子内の局所的な安定性の差異に起因する融解曲線の微細構造が観察される．紫外線を2時間ないし8時間照射して損傷を与えられたDNA(2, 3)では，ピーク温度が低下するとともに曲線が幅広になる．紫外線照射による損傷によって，融解の共同性が失われることがわかる．

4) DSCによる細胞膜およびその構成脂質の相転移挙動の比較

菌体の細胞膜とその構成脂質の相転移温度は，脂肪酸組成によって異なる(図15.10)．

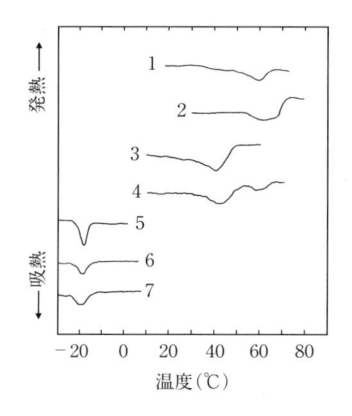

図15.10 DSCによる細胞膜とその構成脂質の相転移挙動の比較
[J. M. Steim *et al.*, *Proc. Nat. Acad. Sci.*, **63**, 104(1969)]

1：ステアリン酸を添加した培地で培養した菌体(*Mycoplasma laidlawii*)から抽出した膜脂質
2：同膜画分
3：脂肪酸無添加の培地で培養した菌体の全膜脂質
4：同膜画分
5：オレイン酸添加培地で培養した菌体の全膜脂質
6：同膜画分
7：オレイン酸添加培地で培養した菌体

熱分析は，温度変化に伴って物質内に生じる各種の変化を検知するための有効な手段である．とくに，示差走査熱量測定ではエンタルピー変化が測定可能であり，関係する熱力学的パラメーターを直接算出可能な測定手段として貴重である．近年は装置の高感度化が進み，微小な転移熱の検出が可能となったため，希薄溶液あるいは微量の試料を用いた測定も徐々に増えつつある．バイオ関連試料についても，熱分析を用いた研究が今後ますます増加していくものと思われる．

16章　バイオ機器分析の実際

16.1　アミノ酸組成・アミノ酸配列

　タンパク質(あるいはペプチド)を構成するアミノ酸の組成を決定するためには，まずタンパク質試料をアミノ酸にまで完全に加水分解し，次にそれぞれのアミノ酸の分離・定量を行う．加水分解は通常，試料を0.01〜0.2％フェノールを含む6M塩酸(HCl)中，減圧封管下，110℃で24時間加熱することにより行う．その際，アスパラギン(Asn)はアスパラギン酸(Asp)に，またグルタミン(Gln)はグルタミン酸(Glu)にまで加水分解されるので，AsnとAspの合計値，およびGlnとGluの合計値がそれぞれAspおよびGluとして得られる．トリプトファン(Trp)およびシステイン(Cys)(またはシスチン)は，塩酸加水分解時にかなり破壊されるので定量できない．Cys(およびシスチン)は，試料をあらかじめ還元S-アルキル化しておけば，S-アルキルシステイン(たとえばS-カルボキシメチルシステイン)として定量できる．Trpは，6M塩酸の代わりに0.2％トリプタミンを含む4Mメタンスルホン酸を用いて加水分解を行えば，定量的に回収できる．

1) アミノ酸分析計

　アミノ酸混合物から各アミノ酸を分離し定量する装置が，アミノ酸分析計である．アミノ酸分析の方法には，タンパク質の加水分解物を陽イオン交換クロマトグラフィーにより各アミノ酸に分離後，誘導体化を行って発色させ定量するもの(ポストカラム誘導体化法)と，加水分解物をあらかじめアミノ酸誘導体に変換しておき，逆相

アミノ酸分析計――アミノ酸組成分析
　・ニンヒドリン法(適量：各アミノ酸0.5〜50 nmol)
　・フェニルチオカルバミル(PTC)化法(適量：各アミノ酸10〜100 pmol)
プロテインシーケンサー――N末端アミノ酸配列分析(自動エドマン分解)

図16.1　使われる機器の種類

HPLCで分離・定量するもの(プレカラム誘導体化法)がある．

i) ポストカラム誘導体化法

　アミノ酸分析計のもっとも一般的なものは，ニンヒドリンを用いたポストカラム誘導体化法(ニンヒドリン法)である．6M塩酸で加水分解した試料は，乾固後，0.02M塩酸に溶かし，オートサンプラーにセットし，アミノ酸分析計の運転をスタートすれば，自動的に分析が終了する．4Mメタンスルホン酸で加水分解した場合は，メタンスルホン酸が不揮発性なので，等容量の3.5M水酸化ナトリウムを加えて中和し，さらに水で2倍以上に希釈して，オートサンプラーにセットする．今日ニンヒドリン発色法の検出限界は50 pmolに達しているが，プレカラム法に比べればまだ1けた以上劣っている．しかし，信頼性および再現性の高い結果が得られるので，比較的大量の試料が利用できる場合に適している．ニンヒドリン誘導体の検出は，プロリン以外のアミノ酸は570 nm，プロリンは440 nmの可視部吸収によって行われる．

(a) 装置構成

(b) ニンヒドリン反応

プロリン以外のアミノ酸： R-CH(NH₂)-COOH + 2 ニンヒドリン → 生成物　$\lambda_{max} = 570$ nm

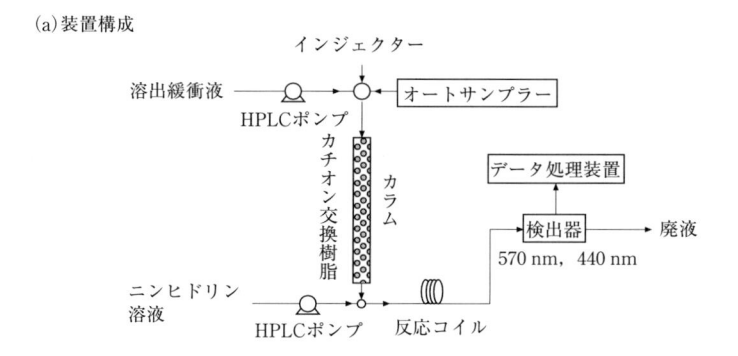

プロリン + 2 ニンヒドリン → 生成物　$\lambda_{max} = 440$ nm

図16.2　アミノ酸分析計(ニンヒドリン法)

ii) リボヌクレアーゼAのアミノ酸組成分析

①操作法

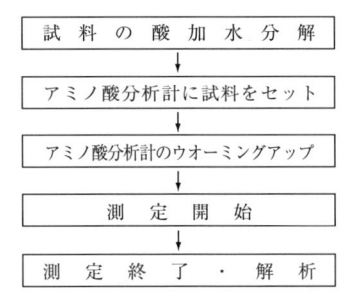

```
┌─────────────────────────┐
│  試 料 の 酸 加 水 分 解  │
└─────────────────────────┘
            ↓
┌─────────────────────────┐
│ アミノ酸分析計に試料をセット │
└─────────────────────────┘
            ↓
┌─────────────────────────┐
│ アミノ酸分析計のウオーミングアップ │
└─────────────────────────┘
            ↓
┌─────────────────────────┐
│     測 定 開 始           │
└─────────────────────────┘
            ↓
┌─────────────────────────┐
│  測 定 終 了 ・ 解 析    │
└─────────────────────────┘
```

②試料および測定条件

試料の調製：リボヌクレアーゼA 25 μg (1.8 nmol)を0.01％フェノールを含む6M HCl中，減圧封管下110℃で24時間加水分解．乾固後，残渣を300 μlの0.02M HClに溶解し，アミノ酸分析計にセット．

アミノ酸分析計：日立835型．

カラム：分析用：0.4 × 15 cm(陽イオン交換樹脂#2619)，アンモニアフィルター用：0.4 × 12 cm(陽イオン交換樹脂#2650)．

カラム温度：53℃．

流量：緩衝液：0.225 ml/min，ニンヒドリン溶液：0.3 ml/min．

注入量：100 μl (0.6 nmol相当分)．

③結果

クロマトグラム

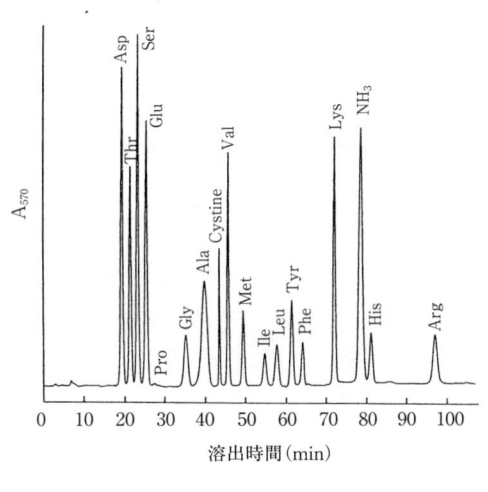

リボヌクレアーゼAのアミノ酸組成(残基数/分子)

アミノ酸	実測値	理論値
Asp	15.1	15
Thr	9.7	10
Ser	14.2	15
Glu	12.3	12
Pro	4.0	4
Gly	3.3	3
Ala	12(基準)	12
Cys	4.6	8
Val	8.0	9
Met	3.8	4
Ile	1.8	3
Leu	2.2	2
Tyr	5.7	6
Phe	2.9	3
Lys	9.8	10
His	3.2	4
Trp	—	0
Arg	4.0	4

iii）プレカラム誘導体化法

フェニルチオカルバミル化法（PTC化法）はプレカラム誘導体化法であり，逆相HPLCを行う前にフェニルイソチオシアネート（PITC）によるPTC化を行う必要がある．そのためPTC化反応の個人差や妨害塩の存在などのために，結果の信頼性はニンヒドリン法に比べれば劣るが，20残基程度までのペプチドのアミノ酸組成を決めるためには十分であり，しかも10 pmol以下のアミノ酸でも十分定量可能なので，微量のペプチドのアミノ酸組成を決定する場合に適している．

原　　理　　試料の加水分解　→　PTC化　→　逆相HPLC

PTC化反応

$$\bigcirc\!\!-\!N\!=\!C\!=\!S + NH_2\text{-}\overset{R}{C}H\text{-}COOH \longrightarrow \bigcirc\!\!-\!NH\text{-}\overset{\|}{\underset{S}{C}}\text{-}NH\text{-}\overset{R}{C}H\text{-}COOH$$

フェニルイソチオ　　　　アミノ酸　　　　　　　　　　PTC-アミノ酸
シアネート（PITC）

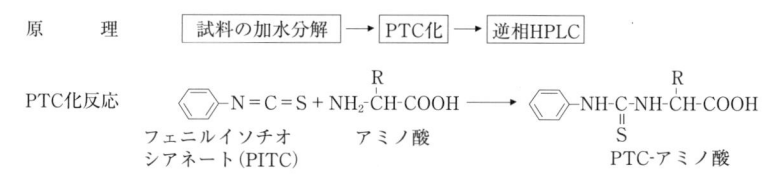

図16.3　アミノ酸分析計（PTC化法）

iv）PTC-アミノ酸の逆相HPLC

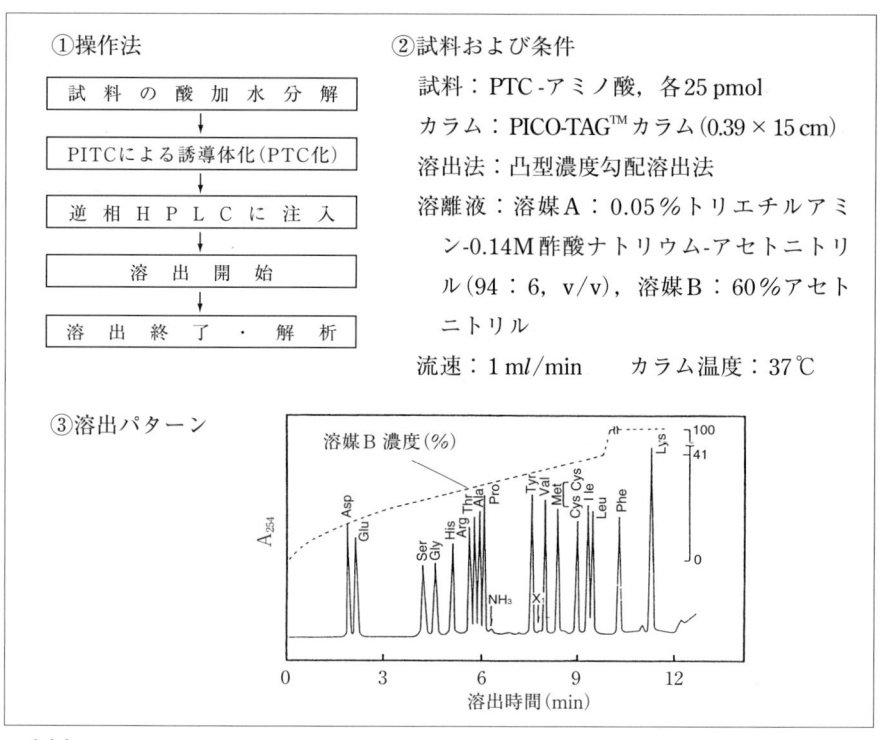

①操作法
- 試料の酸加水分解
- PITCによる誘導体化（PTC化）
- 逆相HPLCに注入
- 溶出開始
- 溶出終了・解析

②試料および条件

試料：PTC-アミノ酸，各25 pmol
カラム：PICO-TAG™ カラム（0.39 × 15 cm）
溶出法：凸型濃度勾配溶出法
溶離液：溶媒A：0.05％トリエチルアミン-0.14M酢酸ナトリウム-アセトニトリル（94：6, v/v），溶媒B：60％アセトニトリル
流速：1 ml/min　　カラム温度：37℃

③溶出パターン

2) プロテインシーケンサー

　i) 原理

　　タンパク質（あるいはペプチド）のN末端からのアミノ酸配列の決定は，エドマン（Edman）分解を利用したプロテインシーケンサーを用いて行う．プロテインシ

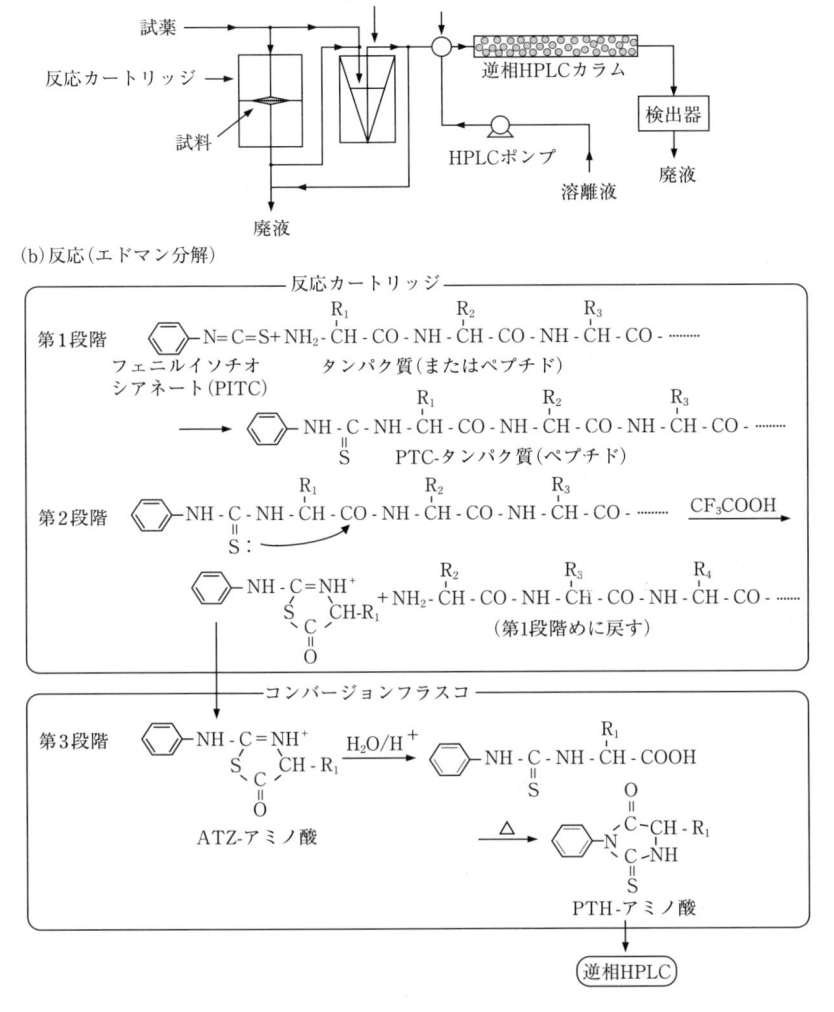

図16.4　プロテインシーケンサー（N末端アミノ酸配列分析装置）

ーケンサーは，反応カートリッジ，コンバージョンフラスコおよび逆相HPLCの3つの部分からなる（図16.4）．溶液状の試料はポリブレンでコートしたフィルターに吸着させ，またポリビニリデンジフルオリド（PVDF）膜にブロッティングした試料はそのまま，それぞれ専用の反応カートリッジを用いて装置にセットし，反応をスタートさせる．エドマン分解の反応は3段階からなり，反応カートリッジで，N末端アミノ酸のPTC化反応（第1段階）と切断反応（第2段階）が行われる．切り出されたN末端アミノ酸のアニリノチアゾリノン誘導体（ATZ-アミノ酸）はコンバージョンフラスコに移され，フェニルチオヒダントイン誘導体（PTH-アミノ酸）に変換され（第3段階），逆相HPLCにインジェクトされる．N末端アミノ酸は，逆相HPLCにおけるPTH-アミノ酸の溶出位置から決定される．これらの一連のサイクルが自動的にくり返され，N末端からのアミノ酸配列が順次決定される．パーキンエルマー社（アプライドバイオシステムズ部門）の491型プロテインシーケンサーを用いた場合は，10 pmol程度の試料でN末端から20残基程度のアミノ酸配列を約10時間で読みとることができる．

ii) 反応カートリッジの種類

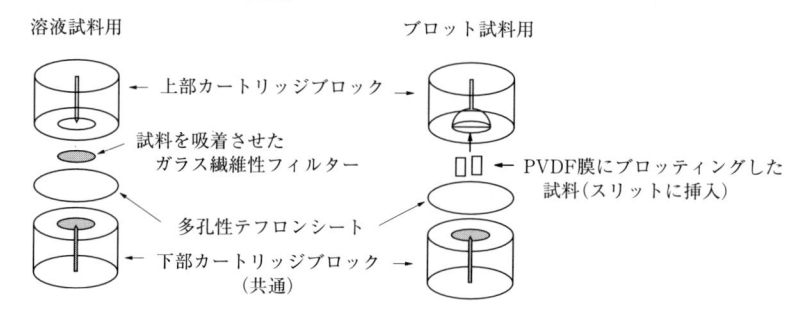

①溶液状サンプル

溶液サンプル用反応カートリッジを使用する．ガラス繊維性のフィルターはタンパク質（あるいはペプチド）を保持しないので，まずフィルターを多価陽イオン性のポリマーであるポリブレンでコートし，空運転を行って不純物を除く（フィルターのポリブレン処理）．次にフィルターに試料をアプライし，上下のカートリッジブロックにはさみこみ，カートリッジを組み立てる．試料はポリブレンとの静電相互

$$\text{ポリブレンの構造：} \left[\begin{array}{c} CH_3 \\ | \\ N^+-(CH_2)_6- \\ | \\ CH_3 \end{array} \begin{array}{c} CH_3 \\ | \\ N^+-(CH_2)_6- \\ | \\ CH_3 \end{array} \right]_n \quad 2Br^-$$

作用によってフィルターに保持される．

②ポリビニリデンジフルオリド膜(PVDF膜)にブロッティングした試料

電気泳動のゲルからPVDF膜にブロッティングした試料は，目的タンパク質のバンドの部分を切り取り，ブロット試料用反応カートリッジのスリットに直接挿入してカートリッジを組み立てる．試料は疎水相互作用によってPVDF膜に保持される．

iii) ウシベータラクトグロブリンのN末端アミノ酸配列分析

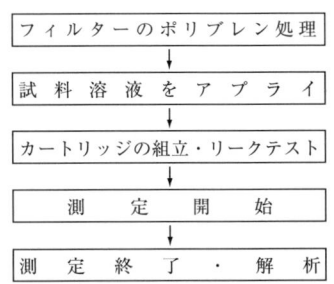

①操作法

フィルターのポリブレン処理
↓
試料溶液をアプライ
↓
カートリッジの組立・リークテスト
↓
測定開始
↓
測定終了・解析

②試料および測定条件

試料：ウシベータラクトグロブリン 10 pmol．
装置：アプライドバイオシステムズ(モデル491型プロテインシーケンサー)．
CF_3COOHの供給方法：液体パルスで供給(pulsed-liquid方式)．

③結果(切り出されたPTH-アミノ酸の逆相HPLCのクロマトグラム)

上から順に標準PTH-アミノ酸混合物，残基1，残基2，残基3および残基4のクロマトグラム．この結果から，N末端から4残基めまでのアミノ酸配列はLeu-Ile-Val-Thrであることがわかる．

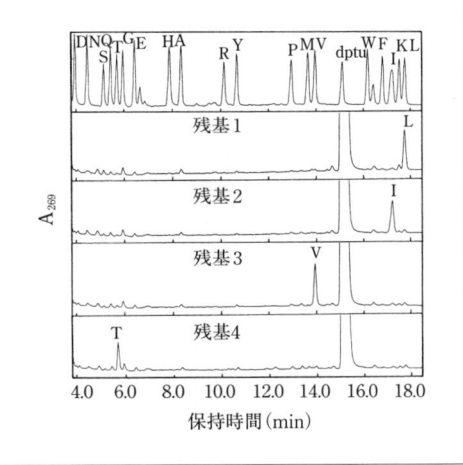

16.2 DNA塩基配列決定

遺伝子の本体はデオキシリボ核酸(DNA)であり，DNAに含まれる塩基の並び順(塩基配列)が遺伝情報を担っている．DNA塩基配列決定法の確立は，生命科学研究に大

16章 バイオ機器分析の実際

きな進歩をもたらした．現在進行中のヒトゲノム計画は，ヒトDNAの全塩基配列を決定しようとするものであり，ヒトの設計図の解読をめざす試みとして全世界の注目を集めている．かつては，DNA塩基配列決定法といえば放射性同位体を用いたマニュアル法を指したが，今日では蛍光式DNAシークエンサーを用いた自動法が広く用いられるに至っている．ここではDNA塩基配列決定の理論と方法について概説するとともに，蛍光式DNAシークエンサーを用いたDNA塩基配列決定の実例を紹介する．

1) DNAの構造

i) 一本鎖DNAの化学構造

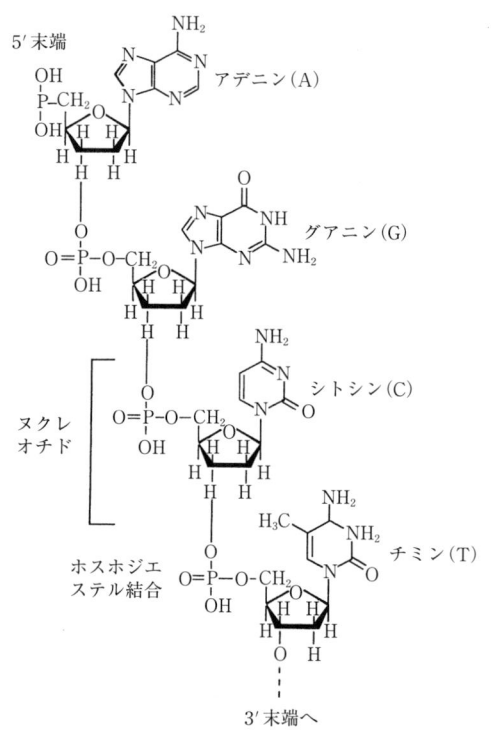

ii) 塩基の対合

DNAは，ヌクレオチドがホスホジエステル結合で直鎖状に連なった構造をとる．ヌクレオチドには4種類あり，結合している塩基(A, G, C, T)が異なる．

図16.5

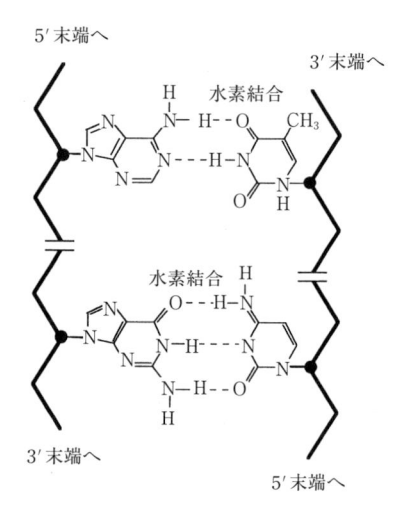

AはTと，GはCと水素結合により対合する．AとTの間には2本，GとCの間には3本の水素結合が形成される．AとT，GとC以外の組み合わせはとらない．

図16.6

iii) DNAの二本鎖構造

$$5'-\text{A G C T T G G C A C}-3'$$
$$|\ |\ |\ |\ |\ |\ |\ |\ |\ |$$
$$3'-\text{T C G A A C C G T G}-5'$$

塩基の対合により，DNAは二本鎖構造をとる．二本鎖DNAは塩基の配列で略記されることが多い．

2) DNA塩基配列決定の概略

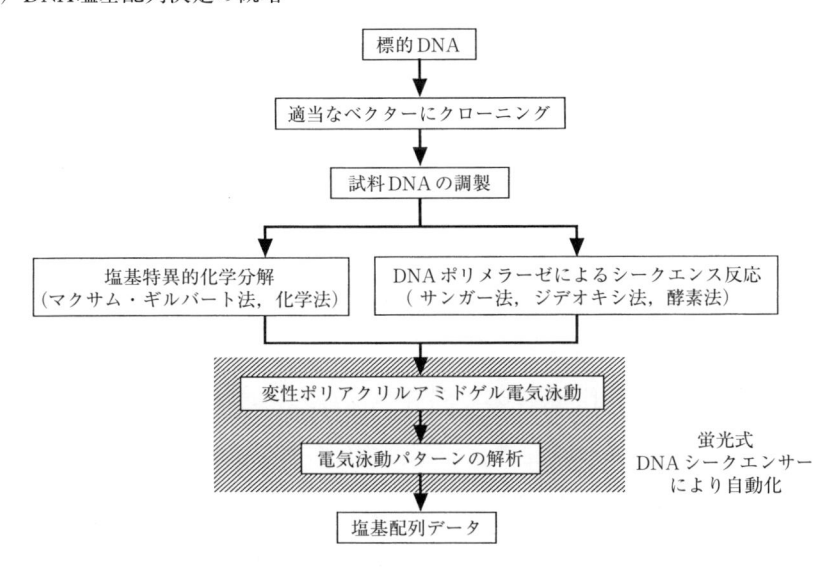

```
           標的DNA
              ↓
      適当なベクターにクローニング
              ↓
        試料DNAの調製
          ↙       ↘
  塩基特異的化学分解    DNAポリメラーゼによるシークエンス反応
  (マクサム・ギルバート法, 化学法)  ( サンガー法, ジデオキシ法, 酵素法)
          ↘       ↙
     変性ポリアクリルアミドゲル電気泳動
              ↓
        電気泳動パターンの解析          蛍光式
              ↓                    DNAシークエンサー
        塩基配列データ                により自動化
```

3) 標的DNAのクローニング

  i) ファージミド・ベクター

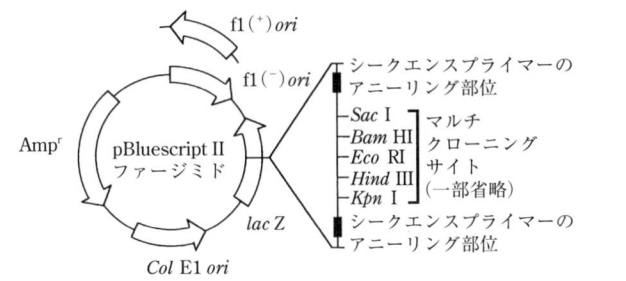

Amp^r：アンピシリン抵抗性遺伝子
Col E1 ori：大腸菌複製点
lac Z：β-ガラクトシダーゼ遺伝子
f1 ori：ファージ複製点

pBluescript II ファージミド

f1($^+$)ori
f1($^-$)ori
Sac I
Bam HI
Eco RI
Hind III
Kpn I
マルチクローニングサイト（一部省略）
シークエンスプライマーのアニーリング部位
lac Z
Col E1 ori
Amp^r

149

大腸菌内では二本鎖DNAの形で複製されるため，通常のプラスミド・ベクターの形で使用可能．M13 K07などのヘルパーファージを感染させることにより，一本鎖DNAを含むファージ粒子を生成し，培地中に放出される．ファージミド中に存在するファージ複製点の挿入方向に応じて，プラス鎖/マイナス鎖のどちらかの鎖が得られるかが決まる．ファージ複製点やマルチクローニングサイトの挿入方向が異なる，種々のファージミド・ベクターが開発されている．

ii) クローニングならびに試料DNAの調製

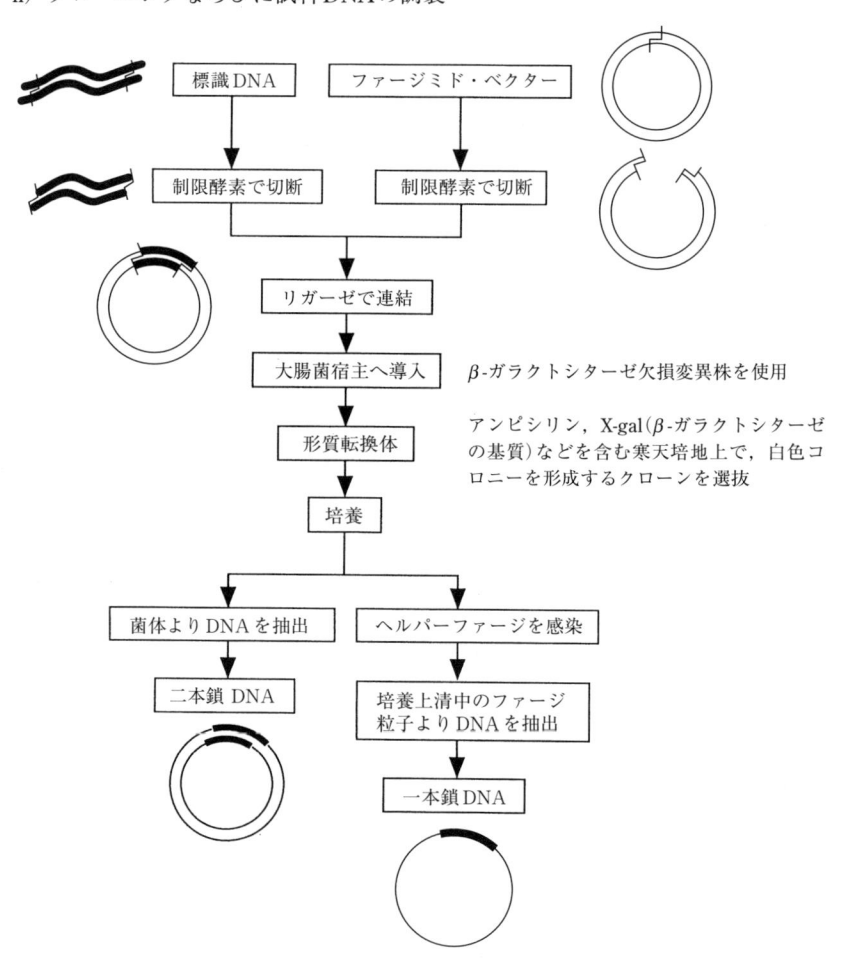

```
標識DNA              ファージミド・ベクター
   │                      │
   ▼                      ▼
制限酵素で切断         制限酵素で切断
          │       │
          ▼       ▼
          リガーゼで連結
              │
              ▼
         大腸菌宿主へ導入      β-ガラクトシターゼ欠損変異株を使用
              │
              ▼                アンピシリン，X-gal(β-ガラクトシターゼ
           形質転換体            の基質)などを含む寒天培地上で，白色コ
              │                ロニーを形成するクローンを選抜
              ▼
             培養
          │       │
          ▼       ▼
  菌体よりDNAを抽出   ヘルパーファージを感染
          │              │
          ▼              ▼
      二本鎖DNA      培養上清中のファージ
                      粒子よりDNAを抽出
                            │
                            ▼
                         一本鎖DNA
```

4) DNAポリメラーゼによるDNA合成

i) PCR(polymerase chain reaction, 複製連鎖反応)の原理

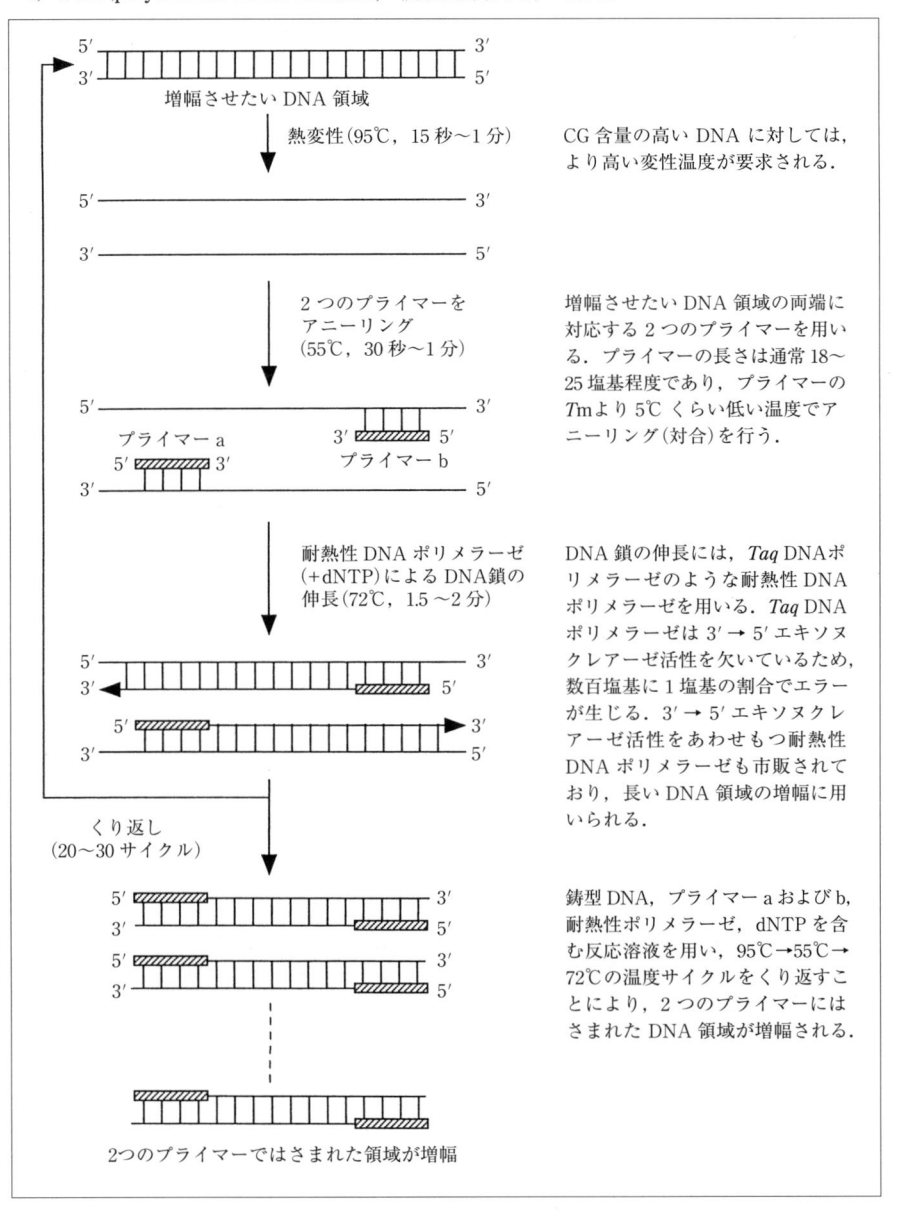

```
                    増幅させたいDNA領域

        熱変性(95℃, 15秒～1分)         CG含量の高いDNAに対しては,
                                    より高い変性温度が要求される.

        2つのプライマーを              増幅させたいDNA領域の両端に
        アニーリング                  対応する2つのプライマーを用い
        (55℃, 30秒～1分)              る. プライマーの長さは通常18～
                                    25塩基程度であり, プライマーの
            プライマーa                $Tm$より5℃くらい低い温度でア
            プライマーb                ニーリング(対合)を行う.

        耐熱性DNAポリメラーゼ           DNA鎖の伸長には, Taq DNAポ
        (+dNTP)によるDNA鎖の           リメラーゼのような耐熱性DNA
        伸長(72℃, 1.5～2分)            ポリメラーゼを用いる. Taq DNA
                                    ポリメラーゼは3'→5'エキソヌ
                                    クレアーゼ活性を欠いているため,
                                    数百塩基に1塩基の割合でエラー
                                    が生じる. 3'→5'エキソヌクレ
                                    アーゼ活性をあわせもつ耐熱性
                                    DNAポリメラーゼも市販されて
                                    おり, 長いDNA領域の増幅に用
                                    いられる.

        くり返し
        (20～30サイクル)

                                    鋳型DNA, プライマーaおよびb,
                                    耐熱性ポリメラーゼ, dNTPを含
                                    む反応溶液を用い, 95℃→55℃→
                                    72℃の温度サイクルをくり返すこ
                                    とにより, 2つのプライマーには
                                    さまれたDNA領域が増幅される.

        2つのプライマーではさまれた領域が増幅
```

16章 バイオ機器分析の実際

ii) DNAポリメラーゼによるDNA合成の基礎

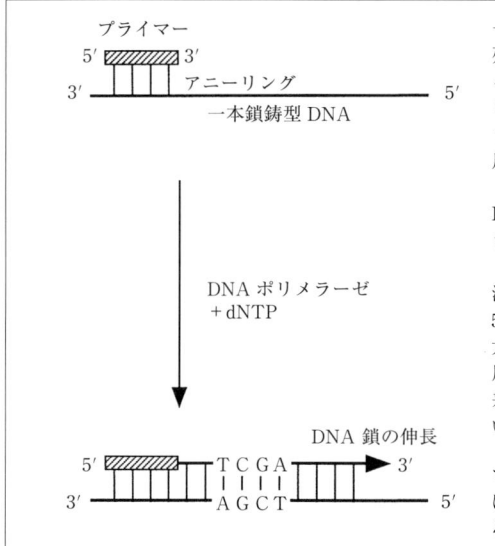

(図：プライマーと一本鎖鋳型DNAのアニーリング、DNAポリメラーゼ+dNTPによるDNA鎖の伸長)	一本鎖鋳型DNAの一部に相補的な配列を有するオリゴヌクレオチド（プライマー）と鋳型DNAとが水素結合によりアニーリング．一本鎖DNAは，ファージミドやM13ファージベクターを用いて調製する．
	DNAポリメラーゼおよび4種のデオキシリボヌクレオチド三リン酸（dNTP：dATP, dGTP, dCPT, dTTP）を添加．DNAポリメラーゼとしては，5′→3′エキソヌクレアーゼを除去した大腸菌DNAポリメラーゼクレノウ断片，T7 DNAポリメラーゼ，好熱菌由来耐熱性DNAポリメラーゼなどが用いられる．
	プライマーの位置から5′→3′の方向に，鋳型DNAに相補的な配列を有するDNA鎖が合成される．

5) DNAポリメラーゼによるシークエンス反応

　i) DNAポリメラーゼの基質

　　DNAポリメラーゼによるDNA合成の基質には，デオキシリボヌクレオチド三リン酸（dNTP）が用いられる．dNTPは3′位に水酸基を有しているため，DNA鎖の伸長が連続的に起こる．ジデオキシリボヌクレオチド三リン酸（ddNTP）はdNTPのアナログであり，3′位の水酸基が水素原子におきかわっている．基質のdNTPにddNTPを共存させた場合，DNA鎖にddNTPが取り込まれた時点で，DNAの伸長が停止する．

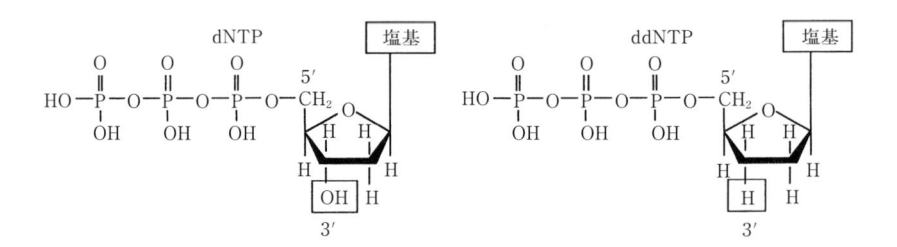

（図：dNTPとddNTPの構造式）

16.2 DNA塩基配列決定

ii) サンガー法によるDNAシークエンス反応の原理

DNAポリメラーゼによるDNA鎖伸長反応を行う際，基質のdNTPにたとえばddATPを混在させておく．DNA鎖にddATPが取り込まれた時点でDNA鎖の伸長反応が停止するため，3′末端の塩基配列がA（鋳型DNAの塩基配列Tに相当）であるような種々の長さのDNA断片が合成される．ddATPの代わりに，ddGTP，ddCTP，ddTTPを用いることにより，3′末端がそれぞれG，C，Tの位置で伸長が停止したDNA断片群を得ることができる．

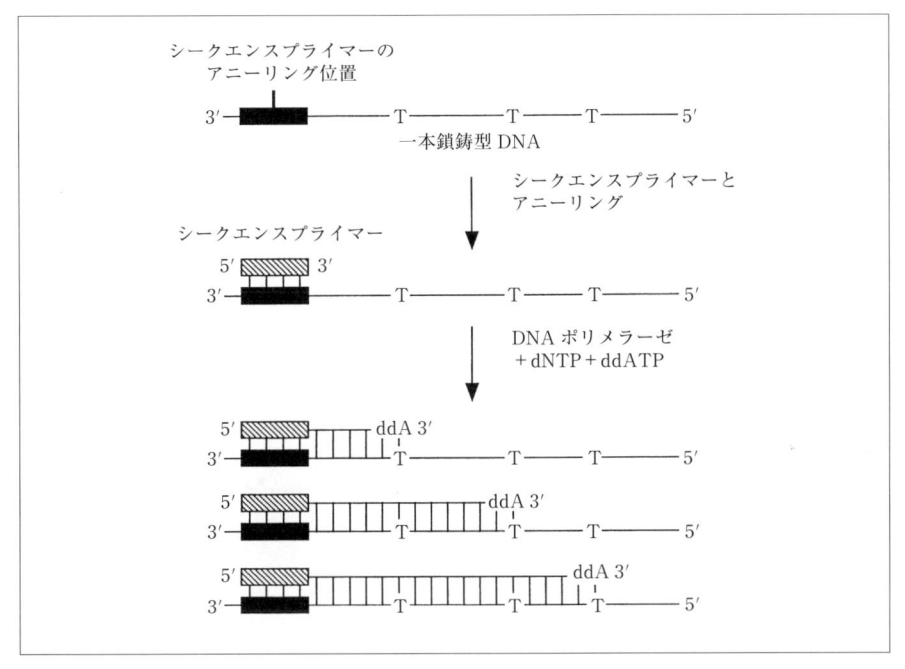

6) 蛍光式DNAシークエンサーを用いたDNA塩基配列決定

i) 蛍光式DNAシークエンサーによるDNA塩基配列決定手順

蛍光色素を結合したシークエンスプライマーを用いてサイクルシークエンス反応を行うことにより，蛍光標識されたDNA鎖が生成する．この方法は蛍光標識したプライマーを用いることからダイプライマー法とよばれるが，それ以外に，蛍光標識ddNTPを用いたダイターミネーター法もある．7〜8 M尿素を含む6％ポリアクリルアミドゲルを蛍光式DNAシークエンサーにセットし，シークエンス反応後の4種の試料の電気泳動を開始する．ゲル中の特定の位置をDNA断片が通過したと

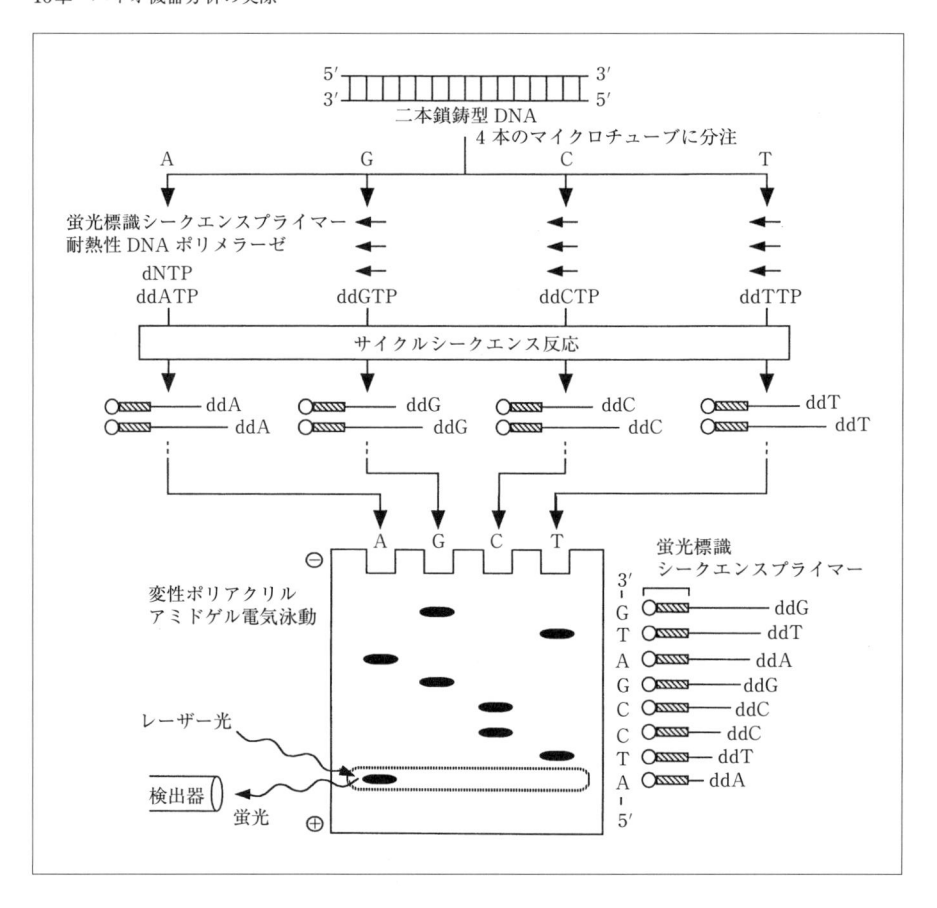

きに，レーザー光により蛍光が励起される．水平に並んだ蛍光検出器により検出された蛍光の強度を，各レーン別に波形にして表示する．

ii) 蛍光式DNAシークエンサーのデータ解析

図16.7は島津製蛍光式DNAシークエンサー(型式：DSQ-1000Lシステム)を用いた場合のデータ出力例である．縦軸は蛍光強度を表し，横軸は泳動時間に対応する．各レーン(A，G，C，T)における蛍光強度の経時変化がレーンごとに色分けされて表示され，この蛍光強度パターンからDNA塩基配列を読みとることができる．二本鎖DNAを鋳型として用い，ダイプライマー法によるサイクルシークエンス反応を行うことにより，常に1,000塩基以上の塩基配列データを得ることができる．

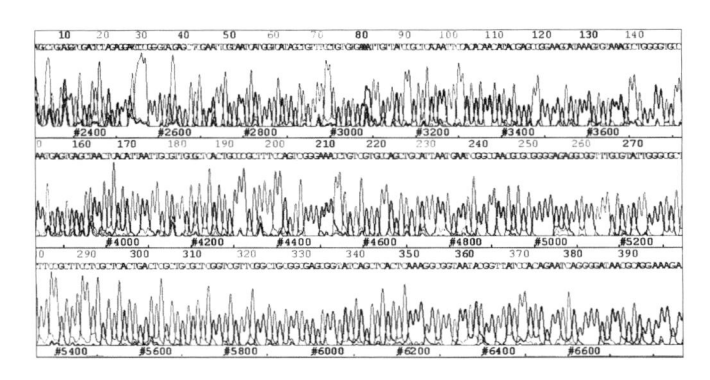

図 **16.7** 蛍光式DNAシークエンサーのデータ出力例
［島津製作所，島津自動蛍光式DNAシーケンサカタログより引用］

16.3 酵素反応速度解析

1) ミカエリス・メンテン（Michaelis-Menten）機構

　酵素反応は，一般に3段階に分けて考えることができる．第1段階は，酵素と基質とが反応し，酵素—基質複合体が形成される段階である．第2段階は複合体の生成速度と解離速度とが一致した段階であり，生成物は時間とともに直線的に増加する．この直線部分の速度を用いた反応速度論的研究が，普通行われる．複合体の形成は非常に速いので，この第2段階の直線部分を反応初期とみなし，直線の傾きを初速度として取り扱ってさしつかえない．さらに反応が進むと基質濃度が減少し，複合体の濃度も減り，反応速度は減少する．これが第3段階である．

　初速度の基質濃度依存性を調べると，基質濃度増大に伴い一定値に近づく傾向を示す．この速度挙動は，酵素（E）と基質（S）とが可逆的に酵素—基質複合体（ES）を形成し，続いて生成物（P）ともとの酵素ができる以下の反応機構で説明されている．

$$E + S \underset{k_{-1}}{\overset{k_1}{\rightleftarrows}} ES \overset{k_2}{\longrightarrow} P + E \tag{16.1}$$

　酵素はきわめて低濃度であるから，複合体濃度も低濃度である．したがって，基質濃度の変化に比べて複合体濃度の変化はわずかであり，定常状態近似法が適用できる．酵素量を$[E]_0$，基質濃度を$[S]$とすれば，生成速度vは，

$$v = \frac{d[P]}{dt} = k_2[ES] = \frac{k_1 k_2 [S][E]_0}{k_1[S] + k_{-1} + k_2} \tag{16.2}$$

16章 バイオ機器分析の実際

最大速度(V_m)を$V_m = k_2[E]_0$, $K_m = (k_1 + k_2)/k_1$とおけば, (16.2)式は次のように変形できる.

$$v = \frac{k_2[E]_0}{1 + \frac{K_m}{[S]}} = \frac{V_m}{1 + \frac{K_m}{[S]}} \tag{16.3}$$

この式がいわゆるミカエリス・メンテン式であり, K_mはミカエリス定数である.

図16.8に反応速度の基質濃度依存性の測定例を示す. これは酵素ヒドロゲナーゼによる水素発生速度の基質濃度依存性である. 横軸の基質濃度が増加するにつれ, 水素発生速度は増大し, 一定値に近づく傾向を示す. a, b, cはそれぞれ異なる人工基質を用いた場合を示している.

V_m, K_mを求めるには, 直線式に変形してプロットするのが便利である. (16.3)式を変形するといくつかの直線式を書くことができるが, そのなかでよく用いられているのはラインウィーバー・バーク(Lineweaver-Burk)プロットである. すなわち, (16.3)式は次のように変形でき,

$$\frac{1}{v} = \frac{K_m}{V_m}\frac{1}{[S]} + \frac{1}{V_m} \tag{16.4}$$

$1/v$と$1/[S]$とをプロットすれば, 直線が得られるはずである. 図16.8のデータを

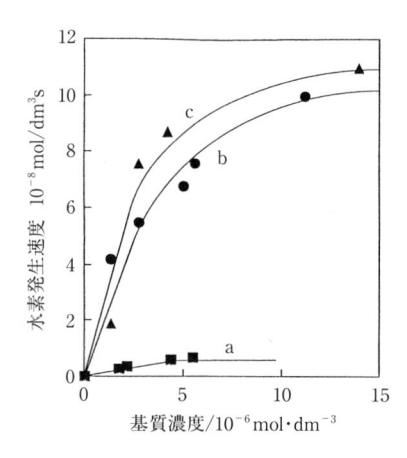

図16.8 ヒドロゲナーゼによる水素発生速度の基質濃度依存性. a, b, cはそれぞれメチレン鎖長の異なるビオローゲン結合型ポリフィリン

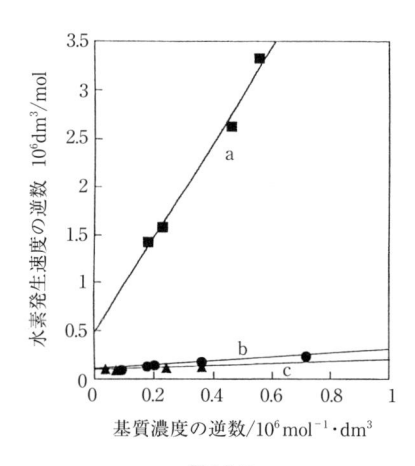

図16.9

(16.4)式にしたがってプロットすれば,図16.9の直線関係が得られる.この直線の傾きと縦軸の切片,あるいは直線を延長して横軸との切片とから,V_mおよびK_mを求めることができる.

2) 高速反応測定法

酵素と基質との反応は非常に速く,酵素と基質とを混合するやいなや酵素—基質複合体が生成する.この速度を調べるには,迅速な測定法を利用しなければならない.表16.1は種々の迅速反応測定法の適用時間範囲を示したものである.反応の特徴を生かして,それぞれの方法が使い分けされている.以下に具体例を示す.

表 16.1 迅速反応測定法の適用時間範囲

実験方法	適用時間範囲(s)	実験方法	適用時間範囲(s)
定常流出法	$10^{-3} \sim 10^{-1}$	レーザーフラッシュ法	$\geq 10^{-14}$
ストップトフロー法	$\geq 10^{-3}$	ESR	$10^{-9} \sim 10^{-8}$
温度ジャンプ法	$\geq 10^{-8}$	NMR	$\sim 10^{-5}$

i) 高速流出法

高速流出法(rapid-flow method)は,2種の溶液(たとえば酵素溶液と基質溶液)を図16.10のように別々のピストン様の容器に入れ両者を同時に押し出し,2液を迅速に混合することによって反応を開始させるものである.高速流出法には,定常流出法(continuous-flow method)とストップトフロー法(stopped-flow method)とがある.定常流出法は,混合した溶液を一定速度で流したままの状態で観測するので,流れの速さを変えることによって,反応開始後の種々の時間における測定値が得られる.ストップトフロー法は,混合した液の流れを急激に停止させ,反応の時間的変化を観察するので,反応経過がそのまま記録できる.

適用できる反応の速さは,混合に要する時間によって制限される.図16.11はシトクロムc_3の還元挙動をストップトフロー法で測定したものである.還元剤として

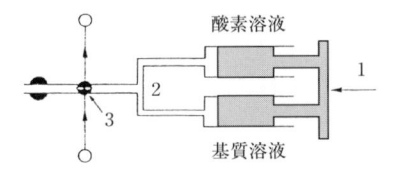

図16.10 高速流出法測定装置.1:ピストン,2:混合器,3:測定点

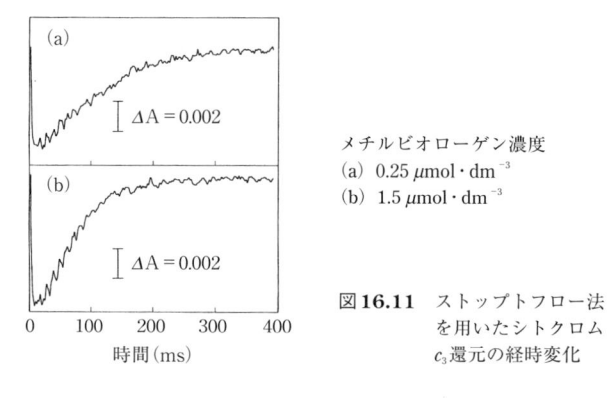

メチルビオローゲン濃度
(a) 0.25 μmol・dm^{-3}
(b) 1.5 μmol・dm^{-3}

図 **16.11** ストップトフロー法を用いたシトクロム c_3 還元の経時変化

還元型メチルビオローゲンを用いた場合で，シトクロム c_3 と混合直後の反応経過が示されている．

ii) 緩和法

緩和法（relaxation method）は，平衡にある系に対して適用される．外的条件を変えることにより，新しい条件での平衡に向かって進行する反応を測定する．たとえば，

$$A + B \underset{k_{-1}}{\overset{k_1}{\rightleftarrows}} C \tag{16.5}$$

の反応において，A，B，Cの濃度は平衡定数によって決められている．この平衡定数は，温度，圧力など外的条件の関数になっている．条件を急激に変化させるとすると，いままでの平衡は破られ，新しい平衡状態に向かって移行する．この現象が緩和である．その移行の速度は正逆両反応の速度に依存するから，この緩和の過程を時間的に観測することによって，正逆両反応の速度を知ることができる．

いま，温度 T で平衡にある系の温度を瞬間的に T' に上げたとする．成分Cについて濃度変化を追跡すると，図16.12に示すように，T' によって決められる新たな平衡濃度，$\bar{C_c}$ に向かって変化する．新しい平衡濃度からの偏位を Δc とすれば，濃度

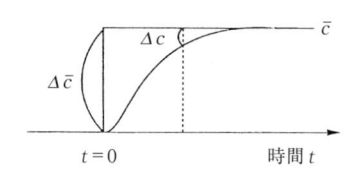

図 **16.12** 温度の急激な上昇後の成分Cの経時変化

の時間的変化は,

$$\Delta c = \Delta \bar{c}\, e^{-t/\tau} \tag{16.6}$$

と書くことができる．この式は濃度変化が1次に従うことを示しており，反応次数にかかわらず成立する．上式のτは時間の次元をもち，緩和時間（relaxation time）とよばれる．τの内容は，(16.5)式の系では，

$$1/\tau = k_1(\bar{c}_A + \bar{c}_B) + k_{-1} \tag{16.7}$$

である．これは正逆両反応の速度定数を含んでおり，種々の平衡濃度においてτを測定することにより，k_1，k_{-1}の値を決めることができる．

温度ジャンプ法で測定された典型的な反応例を表16.2に示す．k_1は正方向の，k_{-1}は逆方向の反応速度定数である．いずれも非常に速い反応が温度ジャンプ法により測定できることがわかる．

表16.2 温度ジャンプ法による測定例

反応	k_1 (M^{-1}s^{-1})	k_{-1} (s^{-1})
リンゴ酸脱水素酵素 + NADH	6.8×10^8	2.4×10^2
乳酸脱水素酵素 + NADH	1.7×10^9	$\sim 10^4$
ATP + Mg^{2+}	1.2×10^7	1.2×10^3

iii）せん（閃）光法

光励起された分子が関与する反応では，光励起種の寿命や減衰過程を知ることにより，光生物化学過程の速度に関する情報が得られる．せん光分光法では，短時間で強いせん光照射を行い，大部分の基底状態分子を一重項状態（S_1）に励起させる．

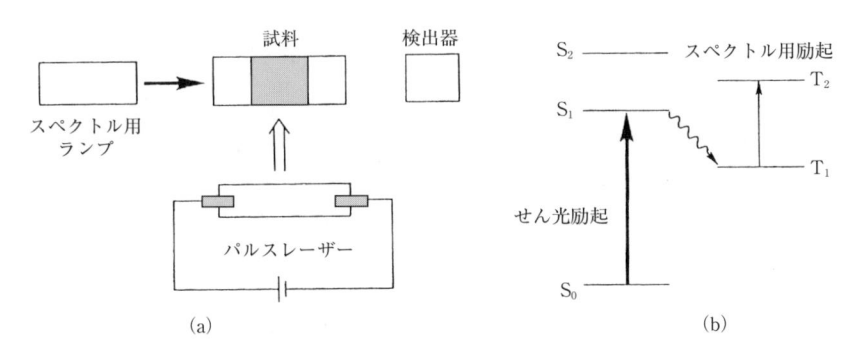

図16.13 せん光法による測定例．(a)装置の概略図，(b)電子励起過程

系間交差により三重項状態(T_1)となる．別の光源（スペクトル用光源）を用い，この三重項状態での吸収（T-T 吸収）の測定を行う（図 16.13 参照）．励起種の吸収強度の経時変化を測定することにより，三重項状態の寿命を決めることができる．

光励起種を供与体（D）とし，励起三重項状態から受容体（A）への電子移動を考える．光化学反応過程の反応式は，次のように書くことができる．

過程	表現	速度
1) 励起	S_0 (D) + $h\nu \rightarrow S_1$ (D)	I
2) 内部変換	S_1 (D) $\rightarrow S_0$ (D)	$k_1 [S_1]$
3) 蛍光	S_1 (D) $\rightarrow S_0$ (D) + $h\nu_f$	$k_f [S_1]$
4) 系間交差	S_1 (D) $\rightarrow T_1$ (D)	$k_{isc} [S_1]$
5) りん光	T_1 (D) $\rightarrow S_0$ (D) + $h\nu_p$	$k_p [T_1]$
6) 系間交差	T_1 (D) $\rightarrow S_0$ (D)	$k'_1 [T_1]$
7) エネルギー移動	T_1 (D) + S_0 (A) $\rightarrow S_0$ (D) + T_1 (A)	$k_e [T_1][A]$

S_1 状態と T_1 状態に定常状態近似を適用すれば，次式が得られる．

$$I = k_1[S_1] + k_f[S_1] + k_{isc}[S_1] \tag{16.8}$$

$$k_{isc}[S_1] = k_p[T_1] + k'_1[T_1] + k_e[T_1][A] \tag{16.9}$$

これらの式を変形して，

$$I_p^0 / I_p = 1 + \frac{k_e}{k_p + k'_1}[A] \tag{16.10}$$

りん光強度比 I_p^0/I_p の [A] に対するプロットは，傾きが $k_e/(k_p + k'_1)$ の直線であることを示している．この式はスターン・ボルマーの式，プロットはスターン・ボルマープロットとよばれる．

一例として，光励起されたポルフィリンがビオローゲンにより消光される様子を示す．470 nm を観測波長として水溶性亜鉛ポルフィリンの T-T 吸収の減衰を観察すると，図 16.14(a) が得られる．この減衰は 1 次の減衰であり，これより励起三重項状態の寿命は 1.6 ms と得られる．この系にメチルビオローゲンを添加すると，図 16.14(b) に示すように，ポルフィリンの励起三重項の寿命は短くなり，ビオローゲンにより消光されていることがわかる．これと同時に図 16.14(c) に示すように，ポルフィリン三重項の減衰に対応して還元型ビオローゲンに基づく過渡吸収（極大波長である 605 nm）が増加してくる．このように，ポルフィリンによるメチルビオローゲンの光還元反応では，ポルフィリンの励起三重項状態を経由して反応が進行していることがわかる．

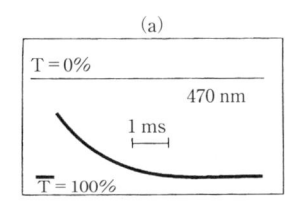

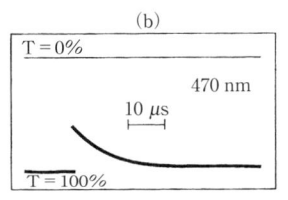

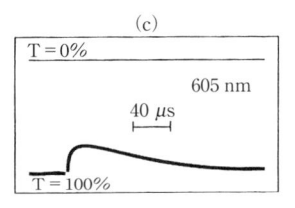

(a)水溶性亜鉛ポルフィリン，(b)(c)水溶性亜鉛ポルフィリン+メチルビオローゲン

図16.14 T-T吸収の経時変化

16.4 細胞染色

　細胞は生物を構成する基本となる最小単位であり，細胞それ自体が一個の生物としての性質を備えている．細胞の活動やその構成成分の動態を，培養細胞のレベル，生体から分離した組織レベル，あるいは個体レベルで調べることによって，多種多様な生命現象を科学的に理解することができる．ここでは，細胞解析の目的別にまず分析方法を列挙したのち(図16.15)，細胞の構築を破壊することなく解析する方法の例としてフローサイトメトリーと，組織切片の染色と蛍光解析について簡単に解説する．

1) 目的別にながめた細胞の解析方法

　細胞を解析することは，丸ごとの細胞の運動や分裂増殖，内部形態を解析することと，タンパク質などの細胞構成要素の性質や挙動を解析することになる(図16.15)．細胞のダイナミックな運動，形態などは光学顕微鏡や蛍光標識ののち，共焦点レーザー顕微鏡による観察が行われる．微細な内部形態の観察には電子顕微鏡も用いられる．

　細胞を生きたまま分離した後その性質を調べたり，細胞内部物質の解析を試みる方法としては，遠心分離，エルトリエーション，フローサイトメトリー，磁気細胞分別法(MACS)，細胞内pHやカルシウムイオン濃度の蛍光色素による測定などが，これに該当する．

　細胞表面タンパク質，細胞内タンパク質の解析・定量は，抗体さえ入手できればフローサイトメトリーで簡単に行える．また細胞内DNA量をDNA結合性蛍光色素(表16.3)を用いて見積もることにより，フローサイトメトリーで細胞周期の解析も行える．さらに，蛍光色素で標識された細胞の選別も可能である．

　生体から組織を切り出したのち，あるいは血液系細胞を取り出したのち，いったんホルムアルデヒドなどで固定し，ミクロトームやクリオスタットを用いて切片標本を作ったのちに，ギムザなどの染色液を用いて細胞の構成要素を染め分けたり，特定の

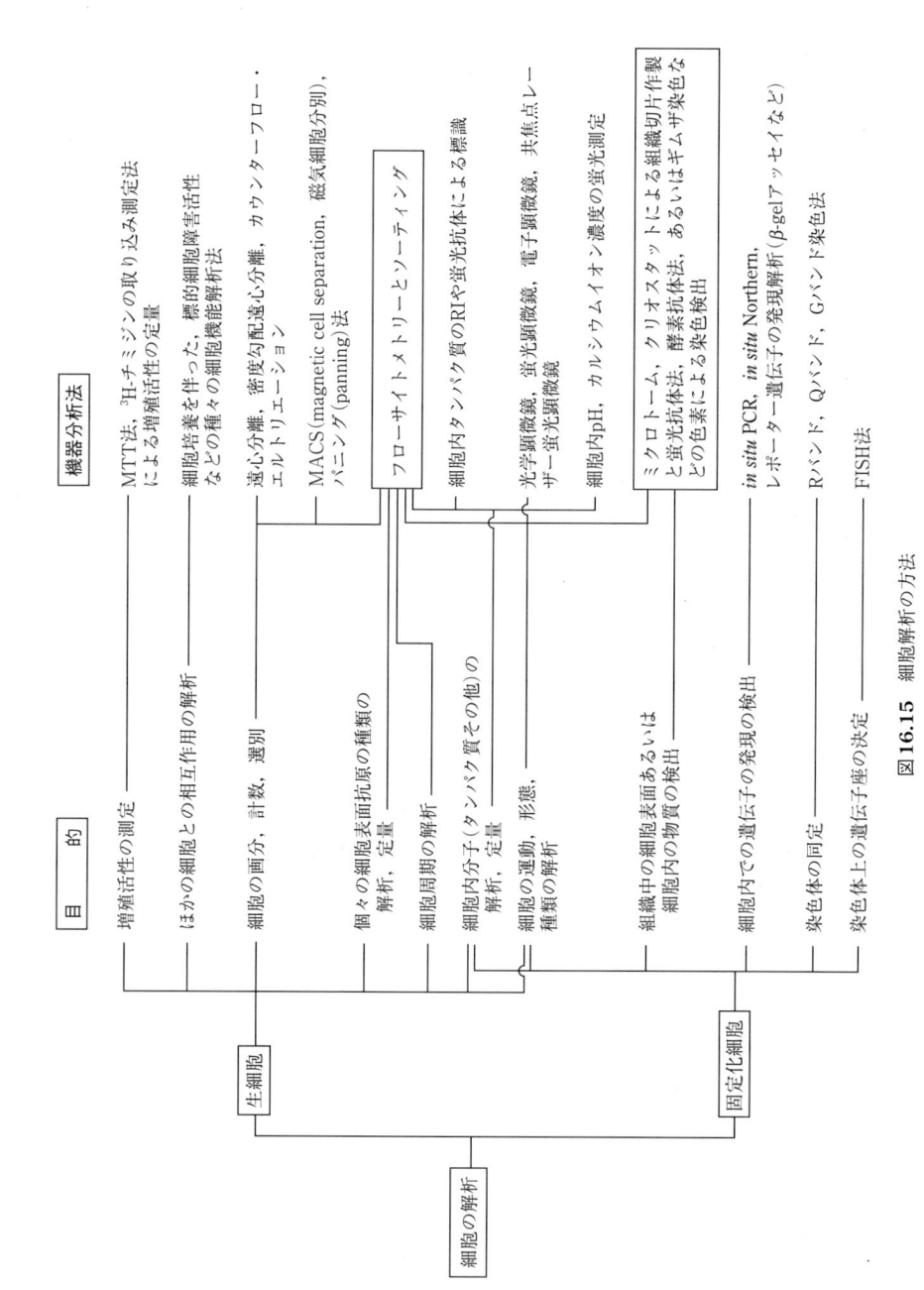

細胞の解析

生細胞

目的	機器分析法
増殖活性の測定	MTT法、3H-チミジンの取り込み測定法による増殖活性の定量
ほかの細胞との相互作用の解析	細胞培養を伴った、標的細胞障害活性などの種々の細胞機能解析法
細胞の画分、計数、選別	遠心分離、密度勾配遠心分離、カウンターフロー・エルトリエーション
	MACS (magnetic cell separation、磁気細胞分別)、パニング (panning)法
個々の細胞表面抗原の種類の解析、定量	フローサイトメトリーとソーティング
細胞周期の解析	
細胞内分子 (タンパク質その他) の解析、定量	細胞内タンパク質のRIや蛍光抗体による標識
細胞の運動、形態、種類の解析	光学顕微鏡、蛍光顕微鏡、電子顕微鏡、共焦点レーザー蛍光顕微鏡
	細胞内pH、カルシウムイオン濃度の蛍光測定

固定化細胞

目的	機器分析法
組織中の細胞表面あるいは細胞内の物質の検出	ミクロトーム、クリオスタットによる組織切片作製と蛍光抗体法、酵素抗体法、あるいはギムザ染色などの色素による染色検出
細胞内での遺伝子の発現の検出	in situ PCR、in situ Northern、レポーター遺伝子の発現解析 (β-gelアッセイなど)
染色体の同定	Rバンド、Qバンド、Gバンド染色法
染色体上の遺伝子座の決定	FISH法

図16.15 細胞解析の方法

16.4 細胞染色

表16.3 蛍光色素

蛍光色素名	略称	励起波長(nm)	蛍光波長(nm)	染色する物質
フルオレセインイソチオシアネート	FITC	488	520	
テトラメチルローダミンイソチオシアネート	TRITC	553	580	
Texas Red		596	615	
フィコエリトリン	PE	488	575	
Cy3		488	575	
Cy5		630〜650	667	
Hoechst 33258		365	465	DNA
ヨウ化プロピジウム	PI	494, 563	617	DNA
臭化エチジウム		545	605	DNA, RNA

タンパク質を蛍光色素などで標識し，可視化することもできる．

2) フローサイトメトリーによる細胞表面分子の解析

実験例：Fc受容体の遺伝子欠損マウスにおける細胞表面上のFc受容体発現量の解析．

・目的

Fc受容体は血球系の細胞表面上に発現されている，抗体タンパクの定常部(Fc)と結合する性質をもつ受容体タンパクである．この遺伝子欠損によってFc受容体が血球の一種であるB細胞の表面上に発現されなくなることを確かめる実験を行った(図16.16)．

・方法

マウスのひ臓を摘出し，細胞浮遊液を調製した．これらの細胞集団から目的のB細胞を検出するために，B細胞特異的に結合する性質をもつ抗B220抗体のフィコエリトリン(PE)標識(表16.3)されたものを用い，Fc受容体の検出には2.4G2というラット抗Fc受容体抗体(IgGクラスに属する)，第二抗体としてフルオレセインイソチオシアネート(FITC)標識された抗ラットIgG抗体を用いて，蛍光染色した(図16.16)．

・結果

図16.17(a)は細胞の粒度を前方散乱光(FS)と側方散乱光(SS)とで解析したものであり，比較的小型のリンパ球は丸印で囲った領域に現れる．この領域の細胞の情報を取り出すと(ゲーティングという)，図16.17(b)のようになり，野生型マウスでは，PE標識されるB細胞は同時にFITC標識される(Fc受容体を発現している)性質をもつが，ホモ接合型遺伝子欠損マウスではFITC標識が陰性となり，Fc受容体の細胞表面上への発現がみられない．Fc受容体の発現量をヒストグラムで表すと(図16.17(c))，ヘテロ接合型マウスではFc受容体遺伝子1対のうち片方が欠損しているので，Fc受容体の発現量が野生型マウスの約半分になっているのが読みとれる．

16章　バイオ機器分析の実際

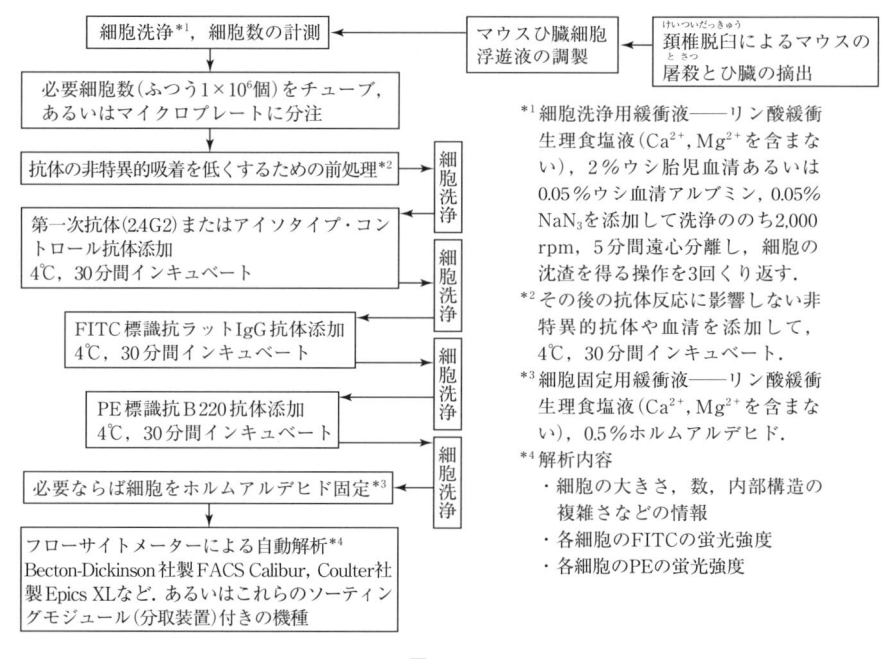

```
細胞洗浄*1，細胞数の計測 ← マウスひ臓細胞浮遊液の調製 ← 頚椎脱臼によるマウスの屠殺とひ臓の摘出
　↓
必要細胞数（ふつう1×10^6個）をチューブ，あるいはマイクロプレートに分注
　↓
抗体の非特異的吸着を低くするための前処理*2 → 細胞洗浄
　↓
第一次抗体（2.4G2）またはアイソタイプ・コントロール抗体添加
4℃，30分間インキュベート → 細胞洗浄
　↓
FITC標識抗ラットIgG抗体添加
4℃，30分間インキュベート → 細胞洗浄
　↓
PE標識抗B220抗体添加
4℃，30分間インキュベート → 細胞洗浄
　↓
必要ならば細胞をホルムアルデヒド固定*3
　↓
フローサイトメーターによる自動解析*4
Becton-Dickinson社製FACS Calibur, Coulter社製Epics XLなど．あるいはこれらのソーティングモジュール（分取装置）付きの機種
```

*1 細胞洗浄用緩衝液——リン酸緩衝生理食塩液（Ca^{2+}, Mg^{2+}を含まない），2％ウシ胎児血清あるいは0.05％ウシ血清アルブミン，0.05％NaN_3を添加して洗浄ののち2,000 rpm，5分間遠心分離し，細胞の沈渣を得る操作を3回くり返す．

*2 その後の抗体反応に影響しない非特異的抗体や血清を添加して，4℃，30分間インキュベート．

*3 細胞固定用緩衝液——リン酸緩衝生理食塩液（Ca^{2+}, Mg^{2+}を含まない），0.5％ホルムアルデヒド．

*4 解析内容
・細胞の大きさ，数，内部構造の複雑さなどの情報
・各細胞のFITCの蛍光強度
・各細胞のPEの蛍光強度

図 **16.16**

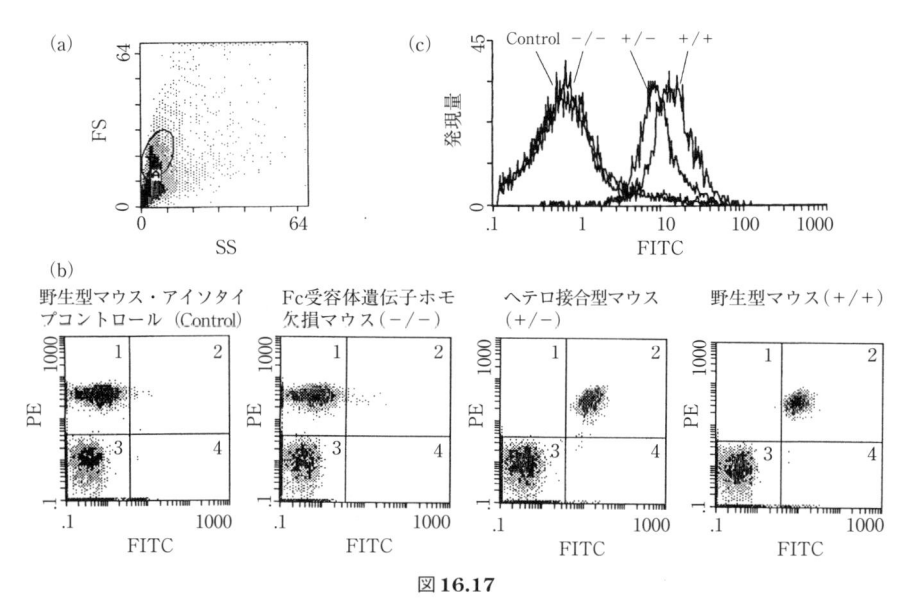

(a) FS vs SS

(c) 発現量 vs FITC（Control, $-/-$, $+/-$, $+/+$）

(b)
野生型マウス・アイソタイプコントロール（Control）／Fc受容体遺伝子ホモ欠損マウス（$-/-$）／ヘテロ接合型マウス（$+/-$）／野生型マウス（$+/+$）

PE vs FITC 散布図（象限1, 2, 3, 4）

図 **16.17**

3) 組織切片の作製と細胞染色

観察する対象の構造により，適当な組織切片の作製方法と染色方法を選択できる（図16.18，表16.4）．そのうちもっとも一般的なパラフィン切片の作成手順と，ヘマトキシリン・エオジン（HE）染色の簡単なフローチャートおよび染色像を，図16.19と図16.20に示す．図16.20の下側の像は，マウスの耳に皮膚アレルギー反応を人為的に誘発した際のHE染色であり，上側の正常マウスの耳に比べて多数の炎症細胞（黒い点に見える）が見られる．

表16.4 染色方法

染色方法	染色される物質	染色結果
ヘマトキシリン・エオジン染色	細胞核・塩基性物質 細胞質・結合組織・赤血球	青紫色 濃〜淡赤色
ギムザ染色	細胞核 細胞質 好酸性顆粒 好中性顆粒 好塩基性顆粒	赤紫色 明るい青色 レンガ色 薄い赤褐色 青紫色
アザン染色	膠原線維・結合組織・好塩基性細胞 細胞核・線維素	青色 赤色
ワン・ギーソン染色	膠原線維 細胞質・筋線維	赤色 黄色
ビクトリア青染色	弾性繊維・HBs抗原	青色
過ヨウ素酸メセナミン（PAM）染色	好銀線維（腎糸球体基底膜など） 細胞核 細胞質	黒色 青紫色 赤色
リンタングステン酸・ヘマトキシリン（PTAH）染色	膠原線維・基底膜 弾性繊維などほかの線維素	赤〜橙赤色 青〜青紫色
鍍銀染色（ボディアン法など）	神経原線維・軸索など	黒〜黒褐色
PAS（periodic acid Schiff）染色	グリコーゲン・結合組織多糖体	赤色
クリューバー・バレラ染色	髄鞘 神経細胞の核小体・核膜 ニッスル小体・細胞核	青紫色 深青〜深青緑色 紫色
ムチカルミン染色	胚細胞・小腸の小皮縁 粘液	赤色 薄い赤色
レクチン染色	レクチン（糖タンパク）陽性	黒褐色
オイルレッドO染色	中性脂肪・脂肪 核	赤橙〜濃赤色 青藍色

16章　バイオ機器分析の実際

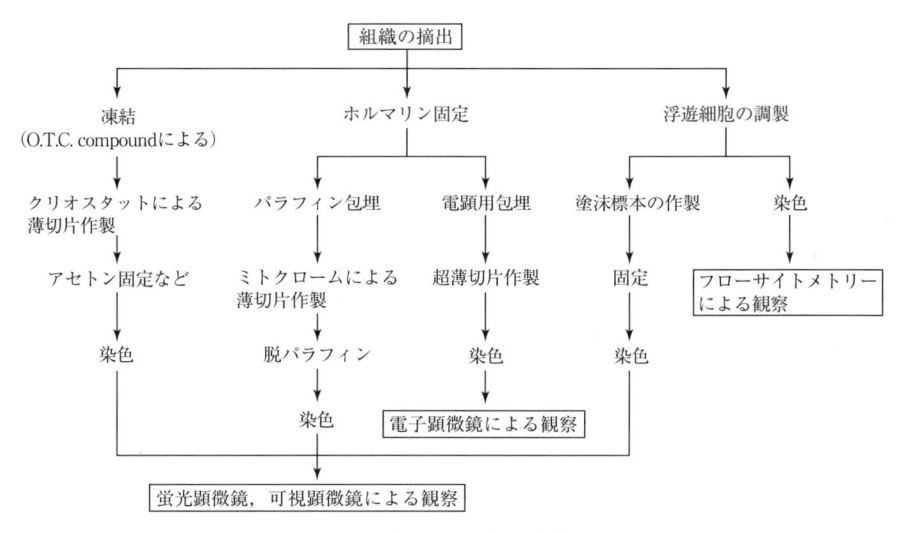

```
                          組織の摘出
              ┌──────────────┼──────────────┐
              ↓              ↓              ↓
             凍結         ホルマリン固定    浮遊細胞の調製
        (O.T.C. compoundによる)
              ↓          ┌───┴───┐       ┌───┴───┐
     クリオスタットによる  パラフィン包埋 電顕用包埋  塗沫標本の作製  染色
         薄切片作製          ↓          ↓          ↓          ↓
              ↓        ミトクロームによる 超薄切片作製    固定     フローサイトメトリー
       アセトン固定など   薄切片作製                              による観察
              ↓            ↓            ↓            ↓
             染色        脱パラフィン    染色          染色
                           ↓            ↓
                          染色      電子顕微鏡による観察
                           ↓
                  蛍光顕微鏡，可視顕微鏡による観察
```

図16.18　組織切片の作製と細胞染色

組織を抽出
↓
約4％ホルマリン液による組織の固定
↓
上昇エタノール列(70%→90%→100%)
による脱水
↓
60℃にて56℃融点のパラフィンによる包埋
↓
ミクロトームで薄切後，スライドグラス上に貼る
↓
キシレンによる脱パラフィン
↓
下降エタノール列(100%→90%→70%)
による脱キシレン
↓
水洗
↓
ヘマトキシリン液による染色，5〜15分間
↓
水洗
↓
エオジン液による染色，0.5〜5分間
↓
軽く水洗
↓
上昇エタノール列，キシレンによる脱水，
透徹ののち封入

図16.19　ヘマトキシリン・エオジン染色の
　　　　　操作の概略

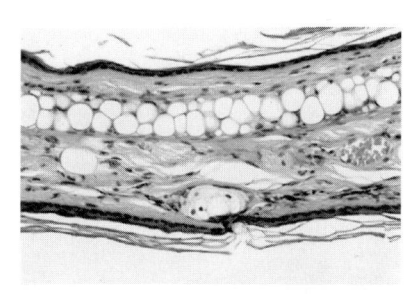

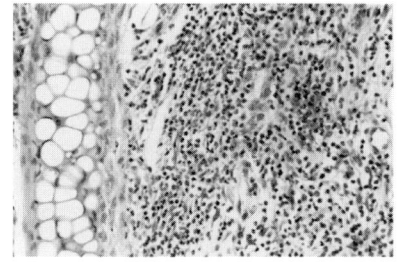

図16.20　マウスの耳に炎症を誘発した際の
　　　　　ヘマトキシリン・エオジン染色像

16.4 細胞染色

HE染色，ギムザ染色などの一般的な染色方法のほか(表16.4)，TUNEL(タネル)染色や免疫組織染色など，細胞内の特定の物質を選択的に染色する方法もある．

4) 免疫組織染色と蛍光抗体法(図16.21)

免疫組織染色のうち，酵素抗体法では抗体を酵素標識し，その後発色性基質と反応させる(表16.5)．顕微鏡下でその基質の発色を観察することによって，間接的に目的とする抗原物質の局在を知ることができる．染色に際して，観察したい抗原と特異的に反応する抗体(第一抗体)に標識を結合させ直接的に染色する方法と，第一抗体は未標識のままで用い，それに特異的に反応する第二抗体に標識し，間接的に染色する方法がある．間接法は直接法に比べて感度，経済性においてすぐれている．ビオチン・アビジン法においてはビオチンとアビジンの強固な化学的結合能を利用し，抗原に第一抗体を結合させたあと，ビオチン化した第二抗体を反応させる．さらにアビジン-ペ

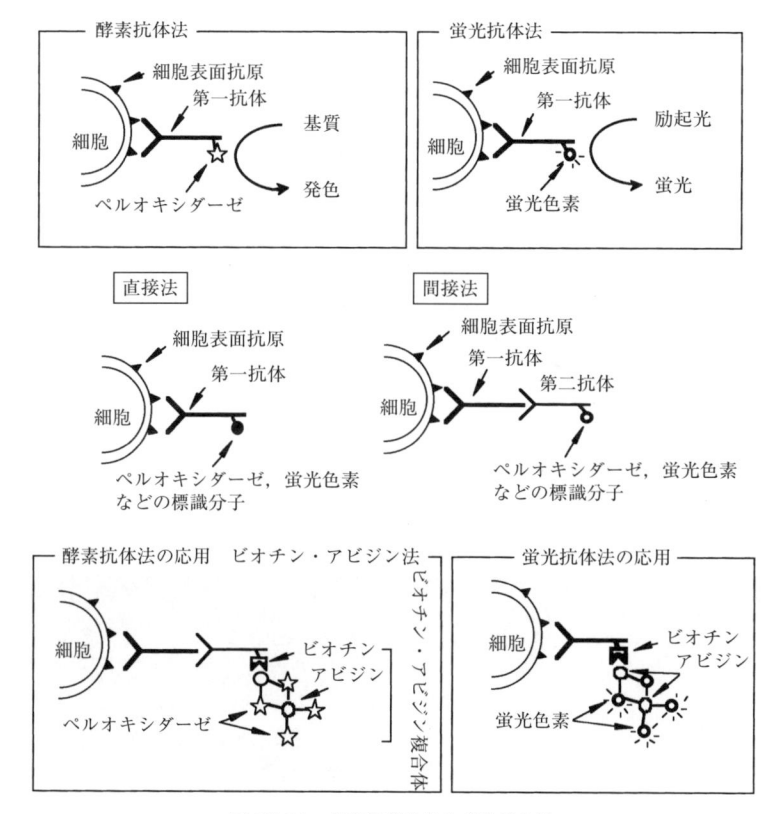

図16.21 免疫組織染色と蛍光抗体法

16章　バイオ機器分析の実際

表16.5　ペルオキシダーゼ染色の発色基質

発色色素	発色の色
3,3′-ジアミノベンジジン(DAB)	褐色
DAB-コバルト	青色
3-アミノ-9-エチルカルバゾール	赤色
α-ナフチルピロニン	赤色
Hauker-Yates	褐色

ルオキシダーゼ複合体を結合させ，その酵素反応により基質を発色させる方法である．

酵素抗体法とならんで一般的に利用されているのが蛍光抗体法であり，酵素標識の代わりに蛍光色素で抗体を標識し，蛍光顕微鏡で観察する．

5) TUNEL法によるアポトーシスの検出

実験例：マウスひ臓組織中でのアポトーシス細胞の検出(図16.22)．

・目的と方法

蛍光色素を用いた特別な染色法としてTUNEL(terminal deoxynucleotidyl transferase-mediated dUTP-biotin nick endlabeling)法がある．これは，プログラムされた細胞死であるアポトーシスを検出する染色法として開発された方法である．アポトーシスとは，核内クロマチンの凝集，DNAの断片化を起こし，さらに細胞全体の断片化を起こす生理的に重要な現象である．TUNEL法はDNA断片化を検出する方法であり，組織切片上のDNA 3′-OH末端にターミナルトランスフェラーゼによりビオチン化デオキシウリジンを取り込ませ，さらにアビジン-ビオチンの特異的結合を利用して蛍光標識したアビジンによる検出を行う．

・結果

図16.22(b)はFITC標識されたアビジンにより検出したアポトーシス(暗い視野の中で光った点の集まりに見える)，図16.22(a)は隣接する組織切片(マウスひ臓)のHE染色像であり，アポトーシスが限られた領域で集中して起こっていることがわかる．

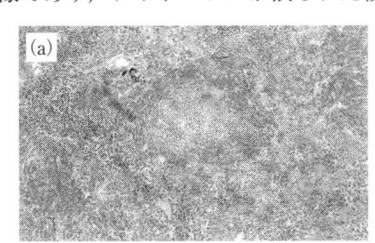

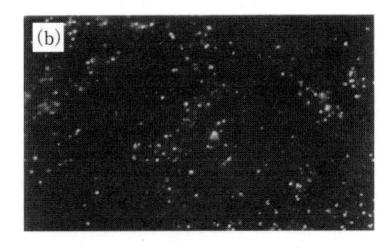

図16.22　マウスひ臓組織中でのアポトーシス細胞の検出

索　　引

あ

アニーリング　151
アフィニティークロマトグラフィー　19
アポトーシス細胞の検出　168
アミノ酸分析計　141

い, う

イオン交換クロマトグラフィー　14
イオン交換体　14
イオンスパッタコーティング　124
鋳型DNA　151
一次抗体　112
一本鎖DNA　150
移動相　4
移動度　25
移動率　7
イメージングプレート　98
陰イオン交換体　14
インターフェログラム　47
ウェットSEM　132

え, お

液体クロマトグラフィー　4
　──／マススペクトロメトリー　108
エドマン分解　145
エネルギー分散型X線分光器　133
遠隔スピン結合　85
エンタルピー　137
円二色性　62
円偏光　62
オクタロニー法　35
温度ジャンプ法　159

か

化学シフト　82
核オーバーハウザー効果　88
拡散反射スペクトル　51
核スピン　72, 74
　──角運動量　74
ガスクロマトグラフィー　4
　──質量分析法　10
仮想的結合　87
加速電圧　123
緩和　77
　──法　158

き, く

基底状態　36
ギムザ染色　167
逆相(疎水)クロマトグラフィー　16
キャピラリーカラム　10
キャリヤーガス　11
吸光度　38
共焦点レーザー顕微鏡　161
共鳴周波数　76
共鳴振動数　71
共鳴線　72
金コロイド標識　126
銀染色法　30
グルタルアルデヒド　127

け

蛍光
　──異方性　56
　──抗体法　168
　──式DNAシークエンサー　153

索　引

　　──寿命　56
　　──消光　58
　　──スペクトロメトリー　53
　　──染色　163
　　──トレーサー・プローブ法　59
　　──量子収率　54
形態観察機器　2
結晶構造解析　92
ゲルろ過クロマトグラフィー　21

こ

光学顕微鏡　161
光学フィルター　115
格子　77
構造因子　92
酵素-基質複合体　155
酵素標識アビジン　111
酵素免疫測定法　110
光電子増倍管　114
高分解能SEM　124
高分解能マススペクトロメトリー　108
光路長　40
コットン効果　63
固定化　20
固定相　4
ゴニオメーター　96
コンバージョンフラスコ　146

さ

サイクルシークエンス反応　154
歳差運動　75
細胞
　　──周期　118
　　──染色　161
　　──内酸化度　119
サンガー法　153
三重項状態　53
サンドイッチ法　110

し

磁気異方性　82
色素染色法　30
磁気モーメント　70
シグナル強度　87
示差走査熱量測定　136
示差熱分析　134
四酸化オスミウム　127
質量分析計
　　イオントラップ型──　105
　　四重極型──　103
　　磁場型──　105
　　飛行時間型──　103
　　フーリエ変換型──　105
ジデオキシリボヌクレオチド三リン酸　152
脂肪酸混合物　11
常磁性　69

す

スターン・ボルマーの式　58
ストップトフロー法　157
スピン結合定数　84
スラブ式電気泳動　29

せ

生物関連物質　1
ゼーマン分裂　70
赤外円二色性スペクトル　51
赤外線　44
赤外線検出器　45
遷移モーメント　37
せん光分光法　159
全反射スペクトル　51
前方散乱光　113

そ

相関2次元NMRスペクトル　90

索引

走査型電子顕微鏡　120
相転移　140
疎水性担体　16
疎水性プローブ　60
側方散乱光　113
ソーティングシステム　116
ゾーン電気泳動法　26

　　　た

ダイプライマー法　154
楕円偏光　62
縦緩和　77
ダブルビーム　38
単結晶　97
タンデムマススペクトロメトリー
　（MS/MS）　109

　　　ち

チセリウス　25
超微細構造　72

　　　て

定常流出法　157
低真空SEM　132
ディフラクトメーター　94
デオキシリボヌクレオチド三リン酸　152
電界放出型電子銃　124
電気泳動　23
　――速度　25
　ディスク式――　30
電気化学分析　3
電磁気分析　3
電子
　――スピン共鳴　69
　――線　121
　――染色　128
　――線損傷　122

　　　と

同位体イオンピーク　102
透過型電子顕微鏡　120
等電点　32
　――電気泳動　32

　　　に

2次元NMR　89
2次元電気泳動　33
2次元半導体検出器　98
二次抗体　112
ニトロキシルラジカル　73
二本鎖DNA　150
ニンヒドリン　142

　　　ね

熱重量分析　137
熱電対　135
熱分析　3

　　　の

濃縮ゲル　28
濃度勾配　13
ノズル　115

　　　は

排除体積　21
薄層クロマトグラフィー　6
薄層プレート　7
薄膜回折装置　96
ハーフミラー　47
パルス・フーリエ変換法　78
反磁性　69
反応カートリッジ　146

　　　ひ

ビオチン化抗体　111
光吸収　36

171

索　引

光分析機器　2
標識酵素　110
表面抗原　117

ふ

フェニルチオカルバミル化法　144
不凍水量　139
プライマー　151
フラクションコレクター　12
フラグメントイオンピーク　102
ブラッグの回折条件　92
フーリエ変換　46
プレカラム誘導体化法　144
フローサイトメトリー　113
プロテイン
　──A　19
　──G　19
　──シーケンサー　145
分子
　──軌道　37
　──吸光係数　40
　──振動　44
　──の電荷　23
分析電子顕微鏡　133
分配係数　5
分離ゲル　28

へ

ヘパリン　21
偏光スペクトル　51

ほ

包埋剤　127
飽和　77
保持時間　5
ポストカラム誘導体化法　142
ポリアクリルアミドゲル　26

ま

マイクロ波検出器　71
マススペクトロメトリー　101

み

ミカエリス
　──・メンテン式　156
　──定数　156
ミクロトーム　128

め

メチンラジカル　72
免疫
　──組織染色　167
　──電気泳動法　34

ゆ，よ

誘起CD　66
陽イオン交換体　14
横緩和　77

ら

ラインウィーバー・バークプロット　156
ラウエ斑点　98
ランベルト・ベールの法則　40

り

リボヌクレアーゼA　143
硫酸キニーネ　55
理論段数　9
臨界点乾燥法　130
りん光　160

れ

励起
　──一重項状態　53
　──エネルギー移動　59
　──状態　37

索　引

　　──子キラリティー法　68
連続波法　78

欧文

αヘリックス構造　64
ζ電位　25
Ampholine　33
CaF_2　48
ddNTP　152
DNA
　　──塩基配列決定　148
　　──シークエンサー　60, 148
　　──ヒストグラム　118
　　──ポリメラーゼ　151, 153
　　──の融解　140
　　──の融解曲線　41
dNTP　152
DSC　136
DTA　134
ESR　69
Fc受容体　163
FITC　60

FT-IR　46
GC/MS　12
HE染色　167
HPLC　12
HRMS　108
H会合体　43
in vivo ESR　73
J会合体　43
KBr　48
LC/MS　108
NOE　88
NOESY　90
PCR　151
PDB　100
propidium iodide　118
Protein Data Bank　100
SDSポリアクリルアミド電気泳動　31
SEM　123
TEM　121
TG　137
TUNEL法　168
X線スペクトル　91

173

編者紹介

相澤　益男（あいざわ　ますお）　工学博士
1971年　東京工業大学大学院理工学研究科博士課程修了
　　　　東京工業大学大学院生命理工学研究科教授を経て
　　　　2001年より東京工業大学学長（2007年まで）
　　　　2007年より内閣府総合科学技術会議議員，東京工業大学名誉教授

山田　秀徳（やまだ　ひでのり）　薬学博士
1971年　京都大学大学院工学研究科修士課程修了
現　在　岡山大学名誉教授

NDC 433　　181 p　　21 cm

バイオ機器分析入門（きき ぶんせきにゅうもん）

2000年　5月10日　第1刷発行
2024年　7月22日　第14刷発行

編　者　相澤益男・山田秀徳（あいざわますお・やまだひでのり）
発行者　森田浩章
発行所　株式会社　講談社　　KODANSHA
　　　　〒112-8001　東京都文京区音羽 2-12-21
　　　　　　販　売　(03) 5395-4415
　　　　　　業　務　(03) 5395-3615
編　集　株式会社　講談社サイエンティフィク
　　　　代表　堀越俊一
　　　　〒162-0825　東京都新宿区神楽坂 2-14　ノービィビル
　　　　　　編　集　(03) 3235-3701
印刷所　株式会社双文社印刷・半七写真印刷工業株式会社
製本所　株式会社国宝社

落丁本・乱丁本は，購入書店名を明記のうえ，講談社業務宛にお送り下さい．送料小社負担にてお取替えします．なお，この本の内容についてのお問い合わせは講談社サイエンティフィク宛にお願いいたします．定価はカバーに表示してあります．

© M. Aizawa, H. Yamada, 2000

本書のコピー，スキャン，デジタル化等の無断複製は著作権法上での例外を除き禁じられています．本書を代行業者等の第三者に依頼してスキャンやデジタル化することはたとえ個人や家庭内の利用でも著作権法違反です．

JCOPY　〈(社)出版権管理システム 委託出版物〉

複写される場合は，その都度事前に(社)出版者著作権管理機構（電話 03-5244-5088, FAX 03-5244-5089, e-mail : info@jcopy.or.jp）の許諾を得て下さい．

Printed in Japan

ISBN4-06-139796-6

講談社の自然科学書

エッセンシャル タンパク質工学

老川 典夫／大島 敏久／保川 清／三原 久明／
宮原 郁子・著

B5・224頁・定価3,520円

エッセンシャル 構造生物学

河合 剛太／坂本 泰一／根本 直樹・著

B5・144頁・定価3,520円

エッセンシャル 食品化学

中村 宜督／榊原 啓之／室田 佳恵子・編著

B5・256頁・定価3,520円

京大発！ フロンティア生命科学

京都大学大学院生命科学研究科・編

B5・336頁・定価4,180円

生物工学系テキストシリーズ

バイオ系の学部3～4年生向けの教科書シリーズ。バイオの分野における学問の基礎、実験手法、応用までを幅広く学ぶことができる。企業の技術者や研究者にとっても最新の情報を得る好個の参考書。

新版 ビギナーのための 微生物実験ラボガイド

中村 聡／中島 春紫／伊藤 政博／道久 則之／
八波 利恵・著

A5・224頁・定価2,970円

改訂 酵素 科学と工学

虎谷 哲夫／北爪 智哉／吉村 徹／
世良 貴史／蒲池 利章・著

A5・304頁・定価4,290円

改訂 細胞工学

永井 和夫／大森 斉／町田 千代子／
金山 直樹・著

A5・244頁・定価4,180円

生物化学工学 第3版

海野 肇／中西 一弘・監修
丹治 保典／今井 正直／養王田 正文／
荻野 博康・著

A5・256頁・定価3,630円

生物有機化学入門

奥 忠武／北爪 智哉／中村 聡／西尾 俊幸／
河内 隆／廣田 才之・著

A5・208頁・定価3,520円

表示価格は消費税（10%）込みの価格です。「2024年6月現在」

講談社サイエンティフィク http://www.kspub.co.jp/